教育部人文社会科学研究青年基金项目(16YJCZH051、17YJCZH217)、河南省
科技公关项目(172102310182)资助
河南理工大学安全与应急管理研究中心资助
河南理工大学公共管理重点学科资助

丹江口库区大气氮沉降富营养效应评估与流域氮素管理研究

李义玲　杨小林　等著

黄河水利出版社
·郑　州·

内 容 提 要

本书以丹江口库区为研究对象,通过野外采样和室内实验,系统研究了丹江口库区大气氮素沉降特征,确定丹江口库区流域尺度土壤营养氮沉降的临界负荷,构建大气氮沉降富营养效应评估模型,确定库区大气氮沉降的生态风险状况,在充分利用大气沉降的氮素输入正面作用的基础上,提出流域氮素管理措施体系,降低氮沉降的富营养效应,实现库区农田及自然生态系统可持续发展。

本书可供从事流域非点源污染的研究者以及丹江口库区流域环境管理及其决策者参考,也可以作为环境科学与工程、生态学专业教师和学生的参考用书。

图书在版编目(CIP)数据

丹江口库区大气氮沉降富营养效应评估与流域氮素管理研究/李义玲等著. —郑州:黄河水利出版社,2019.11
ISBN 978 - 7 - 5509 - 0937 - 3

Ⅰ.①丹… Ⅱ.①李… Ⅲ.①水库 - 大气 - 氮 - 沉降 - 研究 - 丹江口 ②水库 - 流域 - 土壤氮素 - 研究 - 丹江口 Ⅳ.①X517 ②S153.6

中国版本图书馆 CIP 数据核字(2019)第 274518 号

出 版 社:黄河水利出版社　　　　　　　　　网址:www.yrcp.com
　　　地址:河南省郑州市顺河路黄委会综合楼 14 层　　邮政编码:450003
发行单位:黄河水利出版社
　　　发行部电话:0371 - 66026940、66020550、66028024、66022620(传真)
　　　E-mail:hhslcbs@ 126. com
承印单位:河南承创印务有限公司
开本:787 mm×1 092 mm　1/16
印张:8
字数:185 千字　　　　　　　　　　印数 1—1 000
版次:2019 年 11 月第 1 版　　　　　　印次:2019 年 11 月第 1 次印刷
定价:48.00 元

前　言

　　工业革命以来,化石燃料的使用、工农业迅猛发展、人口膨胀等因素导致大气中氮浓度持续升高,其中70%～80%的氮素通过大气沉降方式返回地表,导致大气氮沉降量不断升高。

　　对于农田生态系统来说,大气氮沉降是土壤—作物系统中损失的氮素再次回到农田的重要途径,但是对海洋、江河、湖泊、水库等大型水体来说,大气氮沉降过高可能成为地表水体富营养化的重要原因之一,而且不断增加的大气氮沉降可能直接影响人类和生态系统健康、温室气体平衡以及生态系统生物多样性。因此,作为生态系统的重要营养源,大气氮沉降富营养效应研究已成为全球氮素循环亟待研究的问题之一。

　　丹江口水库作为我国最大的饮用水源保护区,也是我国南水北调3条调水线中唯一向京、津、冀豫等沿线城市提供饮用水的水源水库,其水质状况关系到水库下游和南水北调沿线城市居民的用水安全,对水质要求很高。近年来,随着社会经济的发展,库区部分支流和局部库湾水体中总氮含量明显超标。为有效控制丹江口水库的氮输入,丹江口库区不同生态系统地表径流的氮素迁移特征研究,以及末端治理、源头控制、过程减排、水生态修复等一系列库区水体富营养化防治技术的综合研究和运用备受关注。在丹江口库区流域工业废水排放、生活污水排放和农业径流污染不断得到控制的情况下,积极开展库区大气氮沉降富营养化风险和流域氮素管理研究工作将十分必要。本书以丹江口库区为研究对象,通过库区大气氮沉降特征的原位监测和库区流域土壤营养氮沉降临界负荷定量分析,从大气氮沉降的角度,评估了大气氮沉降对库区生态系统的生态效应,充分揭示了大气沉降对生态系统氮素的输入贡献以及可能引发的富营养化问题,并提出了库区流域氮素管理的框架体系。本书不仅可确定大气氮沉降对库区生态系统富营养化的风险,也为库区水体富营养化控制和流域氮素管理提供一个新思路,同时为研究全国范围内大气氮沉降的时空分布及其长期变化趋势提供基础数据。

　　本书共分为9章。第1章系统阐述了大气氮沉降的基本概况、大气氮沉降相关研究现状以及本书的研究框架;第2章详细介绍了丹江口库区的基本概况;第3章研究了丹江口库区大气氮沉降特征;第4章系统研究了丹江口库区典型小流域不同土地利用方式条件下的土壤氮素空间分异与储量特征;第5章研究了丹江口库区流域土壤营养氮沉降临界负荷特征,并构建了流域大气氮沉降富营养效应评估模型,对丹江口库区典型小流域大气氮沉降富营养效应进行了评估;第6章基于氮指数法开展了丹江口库区典型小流域氮素流失风险综合评价与关键源区的识别研究;第7章和第8章分别开展了丹江口库区坡耕地柑橘园套种绿肥以及低龄茶园秸秆覆盖和间作绿肥对氮素径流流失特征的影响;第9章从源头控制、迁移过程阻截等方面提出了丹江口库区流域氮素流失控制措施特征,并构建了丹江口库区流域氮素流失控制最佳管理措施框架体系。

　　本书编写人员及编写分工如下:第1章由李义玲、杨小林完成;第2章由李义玲、李太魁完成;第 3 章由李义玲、杨小林完成;第 4 章、第 6 章由李义玲、陈志超完成;第 5 章由李义玲、顾令爽、杨小林完成;第 7 章由李太魁、杨小林完成;第 8 章由李太魁、杨小林、李义玲完成;第 9 章由陈志超、顾令爽完成。全书由李义玲、杨小林、陈志超、李太魁、顾令爽、杨桂英、金英淑负责统稿。

　　本书受教育部人文社会科学研究青年基金项目[丹江口库区大气氮沉降富营养效应评估与流域氮素管理研究(16YJCZH051)、丹江口库区消落带植被淹水养分释放富营养风险与消落带管理利用研究(17YJCZH217)]、河南省科技公关项目[基于"营养氮"临界负荷的丹江口库区大气氮沉降生态效应研究(172102310182)]和河南理工大学公共管理重点学科、河南理工大学安全与应急管理研究中心资助出版。感谢我的导师乔木先生对我研究之路的引导,他在环境科学领域的造诣让我受益良多。本书在试验开展和内容写作过程中得到了河南省淅川县水利水保局党磊、淅川县林业工作站李志翔、河南理工大学测绘与国土信息工程学院王世东的无私帮助,在此表示衷心的感谢。课题组其他成员也为本书的完成给予了大力支持,特别感谢杜久升博士、王锐博士、马文玉硕士等为本书的完成所做的工作,再次表示深深的敬意和衷心的感谢。黄河水利出版社编辑们为本书出版付出了辛勤的劳动,在此一并表示衷心感谢。

　　在前人研究基础上,希望本书能为我国大气氮沉降及其富营养效应研究以及丹江口库区氮素管理做出应有的贡献。鉴于从"营养源"的角度开展大气氮沉降的生态环境富营养化风险研究仍然在不断深化中,加之作者水平有限,难免有疏漏或不足之处,敬请读者不吝指正。

李义玲

2019 年 6 月于河南理工大学

目　录

第 1 章 绪 论

1.1 研究背景与意义

近年来,大气氮沉降已成为全球气候变化研究的焦点问题之一(Bobbink et al.,2010),随着矿物燃料、汽车产业、农业现代化和土地利用变化的发展,大气氮沉降在全球范围内迅速增加。19 世纪 60 年代,大气干湿沉降的氮量很少,在全球范围形成的 286 Tg N/a 活化氮中以 NH_x(包括 NH_3、RNH_2 和 NH_4^+)和 NO_y(包括 NO_3^-、HNO_3、N_2O_5、N_2O_3 等)形式重新沉降到陆地与海洋生态系统的仅为 31.6 Tg N/a;而到 20 世纪 90 年代中期,氮沉降总量已达 103 Tg N/a,预计到 2050 年全球活化氮的沉降量将达到 195 Tg N/a(Galloway,2005)。随着我国社会经济的进一步发展,近年来我国大气氮沉降量也逐年上升,研究发现 1981~2010 年我国总氮沉降量以 0.041 g/m^2 的速度逐年上升(Liu et al.,2013),2010 年我国氮沉降总量约为 7.6×10^{12} g(郑丹楠等,2014),大量而持续的氮沉降对陆地生态系统造成了广泛的影响(贺成武等,2014)。

作为必需营养元素,大气沉降是氮生物地球化学循环过程中的重要环节,直接影响各类自然生态系统养分输入。同时,过量的氮素沉降会给陆地生态系统带来一系列问题,已有研究显示氮素的过饱和会引起生物多样性减少、酸雨形成、土壤酸化和水体富营养化加重等环境问题(Weigel et al.,2000;Magill et al.,2004;沈芳芳等,2012;林兰稳等,2013)。近年来,我国经济飞速发展,随之而来的是水体环境富营养化问题日益严峻,严重威胁了我国水资源安全。1991 年,对全国范围内选取的 122 个湖泊的调查显示,已有 51% 的湖泊富营养化。2004 年,对全国 238 座重要水库的营养状态评价结果表明,2/3 的水库处于中营养状态,1/3 的水库处于富营养状态。在 47 个重点城市中,饮用水源地水质达标率为 100% 的仅有 25 个(国家环境保护总局,2005)。2006 年,对全国具代表性的 84 个湖泊评价结果显示,52.4% 的湖泊呈富营养化状态(赵永宏等,2010)。2012 年,对长江中下游地区 19 个大中型湖泊的调查结果显示,14 个湖泊已经富营养化,占调查湖泊的 73.7%。可以说,富营养化已成为我国水生生态系统面临的最主要问题(秦伯强等,2013),而水体富营养化会给水环境质量和功能带来严重的影响,甚至危及周围人类生存。

目前,水体富营养化和水质恶化已成为全球水生生态系统面临的普遍危机(Erisman et al.,2013)。现有研究表明,工业废水、城镇生活污水、农业养分流失等外源污染物的输入是水库(湖)等地表水体水质恶化、富营养化问题的主要原因(高伟等,2015)。因此,在控制富营养化过程中,大力控制与减少工业废水、生活污水排放以及农田养分流失等外源污染物的输入是最紧迫的(刘冬碧等,2015)。但国外众多流域治理案例表明,通过减少工业废水、生活污水排放和加强农业径流污染的长期治理,其他污染物(如重金属)浓度下降明显,但水体环境中碳、氮、磷等养分元素的浓度仍长期维持在较高水平,甚至不断上升(Sprague et al.,2011)。这说明为了更好地控制水体富营养化,需进一步明确水体碳、氮、磷等养分的来源及其环境效应。

大气氮沉降是氮生物地球化学循环过程中的重要环节,人类活动导致大气环境的高氮以干沉降/湿沉降的方式返回地表,并以"营养源"和"酸源"的形式进入陆地生态系统和水生生态系统。将大气干湿沉降中氮看作是水体重要养分来源和污染源的观点在国外早已被提出,如 Winchester 等(1995)对美国北佛罗里达州 12 处水域氮源的研究发现,大气干湿沉降是其主要氮源,河水中总溶解氮通量与大气沉降中 NH_4^+ 和 NO_3^- 的通量十分相近。晏维金等(2001)研究了长江流域 1968~1997 年 30 年间氮的输入、输出和平衡,结果表明长江流域每年大气沉降氮量由 4.9 kg N/(hm² · a)增加到 18.2kg N/(hm² · a),30年间大气氮沉降增长近 3 倍,且每年长江流域的氮输入量中,大气氮沉降所占比例平均保持在 20% ~30%。近年来,大气干湿沉降氮对水体氮污染源的贡献愈发受到关注,宋玉芝等(2005)在中国太湖地区研究发现,大气氮素干湿沉降已成为太湖地区农田自然供氮和水体氮污染的重要来源。目前,学者们(如张懿华等,2009;宋欢欢等,2014)均认为过量氮沉降进入土壤会增加土壤氮素淋溶风险,降低其缓冲能力,最终进入水环境系统(河流、湖泊、海洋等),以"营养源"的形式导致水体富营养化。

丹江口水库是我国南水北调 3 条调水线中唯一向京津冀豫等沿线城市提供饮用水的水源水库,是我国水质最好的大型水库之一。然而,近年来多次连续监测数据表明库区流域水质不容乐观,2004 年在丹江口库区流域 42 个评价河段中,20 个属于水质达标河段,占 45.5%;22 个属于水质未达标河段,占 54.5%。在流入丹江口水库的 14 条主要河流中,只有淅河、金钱河、堵河、滔河 4 条河流的水质达到Ⅱ类标准,蛇尾河和天河 2 条河流的水质达到Ⅲ类标准,而老灌河等 7 条河流的水质属于Ⅴ类或劣Ⅴ类(谭秋成,2012)。丹江口库区部分汇水支流总氮超标是当前面临的主要水环境问题之一,部分区域总氮浓度为 1.48 ~1.60 mg/L,有明显的富营养化趋势(高红莉等,2007)。可见,丹江口水库水质和库区生态环境已经开始出现退化,而水质和生态环境一旦恶化,势必影响到南水北调中线工程的调水质量,以及库区周边地区居民的用水和饮水安全。丹江口水库周边多为丘陵垄岗区,流域内土地利用类型丰富、工业企业较多,工业污水、村镇生活污水、农业地表径流、畜禽养殖废水等任意排放,水库沿岸农村生活垃圾、农作物秸秆形成的固体废物构成了丹江口水库的主要营养盐污染负荷来源(汤显强等,2010)。近年来,在丹江口库区点源污染得到逐步控制后,非点源污染则上升为丹江口库区的主要污染来源之一。

为了有效控制丹江口水库的氮输入,丹江口库区不同生态系统地表径流的氮素迁移特征研究(如涂安国等,2010;雷沛等,2012),以及末端治理、源头控制、过程减排、水生态修复等一系列库区富营养化防治技术的综合研究和运用受到广泛关注,丹江口库区流域工业废水排放、生活污水排放和农业养分迁移也逐步得到控制(汤显强等,2010;谭秋成,2012)。但关于该区域大气氮沉降及其生态风险状况的研究报道很少,在全球大气氮沉降量不断升高的背景下,积极开展库区大气氮沉降特征及其作为生态系统重要营养源的富营养化风险研究工作也十分必要。因此,为了更加全面地辨析丹江口库区水体氮的来源,为丹江口库区水体水质保护提供科学依据,本书以丹江口库区为研究对象,从大气氮沉降的角度开展区域大气氮沉降状况及土壤富营养化风险评估研究,构建库区流域氮素控制的最佳管理措施体系,以期为丹江口库区农田生态系统施肥、生态环境治理和水资源保护提供科学依据。

1.2 大气氮沉降概述

1.2.1 大气氮沉降的概念

大气氮沉降,即含氮化合物由地表排放源进入大气,在大气中经过扩散、混合、转化和迁移等过程,直到从大气中移除并沉降至地表的过程。可见,大气氮沉降是一个复杂的耦合过程。大气气溶胶是由液体小质点和固态颗粒物分散并悬浮在大气中形成的多相体系,这些气溶胶会随着大气沉降过程重新返回地表(张宁等,2013;王骏飞等,2018)。根据气溶胶沉降途径和条件的差异,可将大气氮沉降划分为大气湿沉降和大气干沉降。大气湿沉降是悬浮于大气中的各类粒子随着降水(雪、雾)过程的冲洗作用而沉降至地表的过程,一般主要指铵态氮(AN)、硝态氮(NN)和可溶性有机氮(DON)的沉降过程;大气沉降是指大气中气溶胶粒子在没有降水条件下通过重力沉降、湍流扩散、布朗扩散以及碰撞等一系列过程,持续被不同或相同下垫面(林地、水域、农田、草地、城市、农村、郊区等)吸收而形成的向地面持续迁移的沉降过程,主要包括气态的氨氮化物(NH_x)、氮氧化物(NO_x)和颗粒态的 NH_4^+、NO_3^- 及 DON 的沉降(王骏飞等,2018)。

1.2.2 大气氮沉降来源及影响因素

大气沉降中的氮素可分为有机氮和无机氮 2 种类型。其中,无机氮主要以氧化型氮和还原型氮的形式存在,氧化型氮包括气溶胶中的 NO_3^- 和气态氧化物 NO、NO_2;还原型氮包括气溶胶中的 NH_4^+ 和气态的 NH_3(Duce et al.,1989)。NO 和 NO_2 作为大气中主要的氧化态无机氮,统称为 NO_x,主要来源于化石燃料燃烧、汽车尾气排放和生物质的燃烧等,同时自然界中的生物固氮、反硝化过程和闪电作用也会产生一定量的氧化态无机氮(Aneja et al.,2001;Jickells,2005)。研究表明,1980~2000 年,我国煤炭的使用量和机动车的数量分别增加了 3.2 倍和 20.8 倍,与此同时,NO_x 排放总量由 4.7 Tg 增加到 11.8 Tg,年均增加 4.6%(Liu et al.,2013)。NO_x 排放量的迅速增长导致大气氮沉降量不断升高。一般认为,NH_3 主要来源于农业源中化肥以及畜禽养殖产生的畜禽粪便中 NH_3 的挥发(Beyn et al.,2015)。有研究表明,我国每年消耗化学氮肥大约为 5 000 万 t,而利用率不到 30%,很大比例的氮肥以氨挥发的形式排放到大气环境中(张福锁等,2008)。在城市区域大气中,NH_3 也可能来源于生物质和化石燃料的燃烧(Chang et al.,2016;Pan et al.,2016)。此外,城市固体废弃物和居民粪便处理也会排放大量的 NH_3(Reche et al.,2012)。目前,社会发展导致化石燃料燃烧、工业废气排放以及农业化肥的过量施用成了大气氮沉降量不断升高的主要原因。

有机氮的形态和来源比无机氮多,一般可分为氧化型有机氮、还原型有机氮和生物型有机氮 3 种形式(Td et al.,2003)。氧化型有机氮包括含氮多环芳烃及杂环化合物、硝酸酯类化合物(Osborne et al.,1997)。其中,含氮多环芳烃和杂环化合物一般被认为来自铝制造业、烟草、生物质和化石燃料燃烧（Tsapakis et al.，2007），硝酸酯类化合物是大气中的 NO_x 与碳氢化合物通过光化学反应后形成的，主要包括硝酸酯、羟基硝酸酯、硝酸二酯、过氧乙酰硝酸酯和过氧硝酸酯等（Cape et al.，2011）。还原型有机氮包括氨基酸、脂族胺、尿素和烷基氰化物。其中，氨基酸、尿素和脂族胺主要来自森林、农业和海洋等自然环境的直接排放，而烷基氰化物主要来自工业生产活动（如橡胶制造业）、化石燃料的燃烧（Neff et al.，2002）。生物型有机氮包括溶解或颗粒形式的多种胺，主要来源于直接释放的细菌、粉尘、花粉和生物碎屑等（王骏飞等，2018）。

1.2.3 大气氮沉降的监测方法

由于大气氮干湿沉降在不同季节、不同气候区域以及不同生态条件下受到众多因素的影响，所以大气氮沉降的采集和测定方法也不同。一般情况下，不同的研究者通常根据自己的研究需要采用不同的采样和测定方法开展大气氮沉降监测研究。目前，大气氮干湿沉降的样品采集和测定并没有统一的标准方法。一般而言，大气干沉降的监测方法主要有直接法和间接法两种，其中直接法主要是采用降尘缸采集大气沉降样品（国家环境保护局，1993），多采用干净的聚乙烯桶（作为降尘缸）收集自然状态下沉降至桶底的气溶胶颗粒，在桶底预先盛放了一定量的超纯水和乙二醇防止沉降至桶内的颗粒物在空气扰动作用下再次返回至大气中而造成损失，同时还可以抑制藻类、细菌等微生物的生长。通过直接法测定获得的沉降样品中氮的质量或浓度计算总沉降量，再除以采样面积、采样时间来计算大气氮的干沉降通量变化。但是，这类方法也存在一定的缺陷，由于直接法主要是依靠大气中颗粒物的重力作用发生沉降的，因此有研究者认为，该方法仅能收集粒径大于 $2~\mu m$、依靠重力沉降的大气颗粒物，不能收集粒径较小的微粒（Jaworek et al.，1997），导致大气沉降通量的估算偏小。有研究者采用同步监测大气总沉降量和大气湿沉降量的方法，使用口径和体积完全相同的采样桶同步采集大气总沉降量和大气湿沉降量，然后通过差减法计算得到大气干沉降量（杨龙元等，2007）。总体而言，直接法操作简便，但得到的结果误差较大。间接法又叫推算法，即利用大气采样器收集总悬浮颗粒物于采样膜上，再分析膜上氮的含量，除以采样面积、采样时间和采样标准体积，间接计算出氮在大气中的浓度或含量，最后乘以大气沉降速率从而计算大气氮的干沉降通量。此法的优点是可以收集大部分的干沉降颗粒，结果比直接法更准确，但是样品采集和分析过程相对较为复杂（Wang et al.，2013）。

大气湿沉降监测通常是将大气湿沉降样品收集到容器中，收集过程分为人工采集和自动采集两种方式。人工大气湿沉降的监测过程受到很多主客观因素的影响，如研究区域遭遇突发降水，特别是夜晚发生突然降水事件往往导致样品收集装置无法及时打开，就会造成采样量的减少，从而使得大气中氮的湿沉降通量估算偏低；自动采集主要是利用大气湿沉降自动采样器根据降水过程自动采集氮沉降样品。由于自动采样器可借助降水感应器，在降水发生时自动打开，有效避免采样损失，大气沉降监测较为准确。此外，还可使用离子交换树脂法收集一些位置偏远研究站点的样品，该方法方便样品低温保存，广泛用于野外观测，可提高数据的可靠性（Klopatek et al.，2006）。

1.2.4 大气氮沉降的临界负荷

氮素是各种生态系统中重要的养分元素之一,但同时过量的氮(氮饱和)对生态系统也具有不良影响,而且生态系统即便未达到氮饱和状态,也会因大气氮输入的增加而引起生态系统中氮素发生累积从而发生质变,并导致发生一定程度的土壤酸化和植物群落结构变化。因此,1986年Nilsson提出了酸沉降(包括氮沉降)的临界负荷量的概念,以表示酸沉降的"安全值",并从氮沉降的酸化效应的角度定义了氮沉降临界负荷量,并认为"酸沉降临界负荷"是指"不引起对生态系统的结构和功能导致长期有害影响的化学变化的酸性化合物最大沉降量"。然而,除对生态系统的酸化起重要的作用外,大气氮沉降还会导致生态系统营养发生失衡,进而导致富营养化问题。为此,学者们从氮素富营养化效应的角度提出了营养氮沉降临界负荷的概念,并认为营养氮沉降临界负荷为"不致使生态系统的任何部分(如土壤、植被、地表水体等)产生富营养化或任何类型的营养元素失稀的氮化合物的最高沉降负荷"(叶雪梅等,2002)。如樊后保等(2006)研究提出生态系统中氮沉降饱和的临界点为25 kg/(hm² · a),并认为对大气氮素沉降的数量及成分进行研究可反映各个生态系统的健康水平。

近年来,学者们关于大气氮沉降的临界负荷开展了很多研究,如宇万太(2008)认为大气氮沉降通量为5~10 kg/(hm² · a)时,对于大部分陆地生态系统(如荒地、沼泽等)是有积极影响的;当大气氮沉降通量为10~20 kg/(hm² · a)时,一般情况下对森林生态系统也是有积极作用的;当大气氮沉降通量为35~55 kg/(hm² · a)时,对于农田生态系统也是有积极影响的。但也有学者(如叶雪梅等,2002)认为,我国主要湖泊氮沉降的临界负荷比较低,大气氮沉降通量较高是地区水体富营养化的重要因素之一。

1.2.5 大气氮沉降的生态环境效应

人类在社会生产活动过程中产生的氮通过各种途径进入大气,在大气中发生一系列反应和转换,并通过大气环流作用重新沉降到陆地与海洋生态系统中。自19世纪工业革命以来,随着化学氮肥和能源消耗量的激增,全球向大气排放的NH_x和NO_x、陆地向水体迁移的氮以及大气沉降到陆地和水体中氮的数量均不断增加(Galloway,2005),而且陆地生态系统中植物从大气直接吸收的氮素($NH_x + NO_x$)的数量也十分巨大(Russow et al.,2005)。据估算,人类活动生产的人为活化氮(化学合成氮、化石燃料燃烧形成的NO_x以及豆科作物种植等生物固定的氮,简称人为活化氮)约为140 Tg N/a(Galloway,1995),这些人为活化氮的55%~60%又以NH_x和NO_x的形式返回到大气环境中,而排放到大气中的70%~80%的氮又通过大气干湿沉降的形式返回到陆地生态系统和水生生态系统(Galloway,2005;张修峰等,2008)。研究表明,19世纪60年代,全球范围内大气氮的总沉降量仅有31.6 T/a,而到20世纪90年代中期,大气沉降到陆地和海洋生态系统中的氮总量已达103 Tg/a,而且随着社会发展,大气氮沉降量呈现不断上升趋势,预计到2050年全球氮沉降量将达195 Tg/a(谢迎新等,2010)。作为生态系统重要的"营养源"和"酸源",大气氮沉降量的急剧变化将严重影响陆地生态系统及水生生态系统的生产力和稳定性。

1.2.5.1　大气氮沉降对水生生态系统的影响

随着社会发展和工业化程度的不断提高,化石燃料的大量使用和汽车数量的不断增加,排放到大气环境中的氮素不断增加,造成大气沉降中氮含量持续增加。大气沉降中的铵态氮和硝态氮等氮素成了水体氮素的重要输入源(Krusche et al.,2003),导致水体中氮素含量不断增加,水体富营养化形势不断加重,进而整个水生生态系统的能量流动和物质循环平衡被打破,严重影响水生生态系统的稳定性和可持续性(Schandler,1988)。同时,大气沉降中的营养盐结构也会直接影响水生生态系统的营养盐结构,进而直接影响水体浮游植物群落结构,促进浮游植物优势种的更新和演替,并可通过浮游植物食物网的传递,对浮游动物的生长和群落结构产生作用和影响,进而引起整个生态系统结构与功能的变化(Martínez–García et al.,2015)。大气颗粒物和雨水中的氮素通过大气沉降的形式进入水体后,会给水生生态系统带来丰富的氮素营养盐,同时增加表层水体的氮素营养盐浓度,促进以浮游植物丰度为代表的初级生产力的持续增长,进而产生水体富营养化。目前,大气氮沉降对水体富营养化的影响已有一定研究,如美国塔霍湖是受人类活动影响较小的湖泊,但是在过去50年其水体水质却不断恶化,透明度下降了30%,Tarnay等(2001)研究表明大气氮沉降对塔霍湖的氮素输入量达到2.9～11.5 kg/(hm²·a),并认为大气氮沉降是塔霍湖水质不断恶化的最主要原因。我国学者王小治等(2004)研究也表明大气氮沉降的输入是太湖湖泊氮输入的主要来源之一,太湖地区湿沉降中TN的年输入量达到27.0 kg/(hm²·a),且所有降水中的氮浓度均超过水体富营养化阈值水平。

1.2.5.2　大气氮沉降对森林生态系统的影响

氮素是森林生态系统中树木和草本植物生长的必要营养元素。由于森林生态系统人为氮素输入量很少,因此大气氮沉降通常被认为是森林生态系统最主要的氮素养分来源,但随着大气氮沉降量的不断增加,大气氮沉降对森林的影响程度随着林地土壤类型、结构、养分状况和大气氮沉降输入量大小而异。学者们研究认为,在林木生长的早期阶段,植物需要吸收大量的氮,大气氮输入的增加一般认为可有效提高林木的氮含量(Kazda,1990),提高植被生长率。但在林冠郁闭之后,当林地树木和草本叶片生物量达到稳定时,氮素吸收量和生物量增长率则迅速下降(Turner,1981)。此时,即使增加大气氮的输入,也不能继续提高植被生长率,过量氮输入反而会造成树木体内氮素养分失衡,干扰氮的代谢和光合作用,从而限制树木和草本植物的生长。此外,过量活化氮沉降到森林生态系统中最明显的负面效应是与工业排放废气中的SO_2一起形成酸雨,直接危害森林生态系统的健康状况。酸雨直接通过植物叶片或间接通过土壤伤害植物,导致森林生态系统的衰亡。日本从20世纪50年代出现因为酸雨导致的红松林、樱花林衰退后,又陆续出现了关东平原、关西平原的杉木、冷杉衰退和枯损现象(史秀华等,2000);20世纪80年代以来,我国学者开始研究酸雨对森林生态系统树木的影响,并认识到酸雨已经威胁了我国某些区域森林生态系统的健康,但一般都认为这种危害主要是工业废气排放的SO_2并与雨水反应后形成的SO_4^{2-}所造成的(吴刚等,1994;汪家权等,2005)。然而,国外的一些生态学家早在20世纪80年代就已意识到,森林生态系统的衰退与大气氮素沉降之间存在显著相关性(Van der Eerden,1982;Den Boer et al.,1985)。同时,过量大气氮沉降会明显降低森林土壤的缓冲能力,增加土壤酸化趋势。如Lu(2009)等对我国亚热带森林生态系统的研究表明,若持续添加过量氮后,将导致土壤 Al^{3+} 的转移和碱性阳离子的流失,这将显著增强土壤的酸化程度。

1.2.5.3 大气氮沉降对农田生态系统的影响

大气氮沉降对农田生态系统也会产生影响,大气氮沉降中 NH_4^+—N 和 NO_3^-—N 等形式的氮可以被农田作物直接吸收利用,成为农田生态系统的重要氮素来源。如张修峰等(2008)研究表明上海地区湿沉降 TN 年均输入量达到 58.1 kg/hm^2,每年因为大气氮沉降带入上海郊区农田生态系统的氮相当于当地氮肥施用量的 28.9%;梅雪英等(2007)研究也表明大气湿沉降是农田生态系统氮素营养盐的重要来源,对于维持区域土壤肥力和生产力,提高农作物产量具有重要积极作用;崔键等(2009)研究表明江西鹰潭大气湿沉降向农田生态系统输入氮达 35.94 kg/hm^2,其中铵态氮占湿沉降总量的 63.75%。当大气氮沉降量不超过农田生态系统氮素阈值时,适量的大气氮沉降能增加农田生态系统中氮素养分,对于提高农田生态系统的生产力具有重要积极作用。然而,当大气氮沉降量高于农田生态系统所需时,不但会降低农田生态系统生产力,更会对农田作物产生一定的危害(崔键等,2015)。荣海等(2011)研究表明过量的大气氮沉降对农田生态系统具有明显的负面影响,将会引起农作物和杂草的变化,从而影响土壤动物的组成。同时,当前农田生态系统中氮肥的大量施用,导致过量氮素淋溶进入地下水,会导致地下水硝态氮污染风险不断升高(戴轩宇等,2017),从而造成农业非点源污染,进而影响人们的身体健康。因此,人为施肥时应充分考虑大气氮沉降量,在充分利用大气氮沉降对农田生态系统的氮素补充作用基础上,合理施肥,减少因过量施用氮肥所造成的环境污染问题。

1.2.5.4 大气氮沉降对土壤的影响

大气沉降中的氮元素有 5% 被淋溶、12% 被反硝化、30% 与有机质结合被固定、53% 被植物吸收(Goulding et al.,1998)。现有研究表明,适量的氮素进入生态系统中,将有助于提高土壤肥力,但当土壤氮含量超过了生态系统所需时,过量的氮素会在土壤中发生化学反应,进而对土壤理化性质产生负面影响(徐国良等,2005),如大气氮沉降的增加将会使土壤中 NO_3^- 的淋溶程度不断增加,并导致土壤发生酸化现象。大气沉降的低氧化态的氮化合物会被氧化成 NO_3^-,并向环境释放出 H^+,降低土壤的 pH 值,从而导致土壤出现酸化现象(肖辉林,2001)。土壤酸化带来的直接影响就是土壤中 Al^{3+}、Mn^{2+} 等阳离子通量的不断增加(Foster et al.,1989),最终导致生态系统中生物机能的持续退化,如自然生态系统中铝是以固定状态存在于土壤中的,一旦土壤发生了酸化现象,固定状态的矿化铝便会发生化学反应生成可溶态的铝,如 Al^{3+}、$Al(OH)_2^+$ 和聚合羟基铝等,这类活性铝在酸性土壤中发生化合物沉淀将会影响到植物的生长发育,进而产生严重的负面影响(Matson et al.,1999)。此外,土壤碳、氮、磷等元素也会受到外源氮输入的影响,氮输入增加会提高生态系统的净初级生产力,并显著地增加返还到土壤中的碳量(卢蒙,2009)。同时,大气氮沉降还将深刻影响枯落物的分解速率以及土壤呼吸速率,这对土壤中的碳素含量产生重要影响(Mo et al.,2007)。外源氮输入的增加改变自然生态系统原本相对比较封闭的氮素循环模式,增加了土壤中的氮素含量,改善陆地生态系统中植物受氮素限制的程度(Elser et al.,2009)。有研究表明,氮输入能够显著增加草地生态系统、农田生态系统以及森林生态系统中土壤氮素含量(McDowell et al.,2004)。氮沉降可以显著提高枯枝落叶中氮素的浓度,枯枝落叶通过分解作用把枯枝落叶中的氮释放返还进入土壤,导致土壤中氮素浓度的升高。同时,土壤中氮素的含量高低还会影响土壤中的磷素含量水平,进而影响整个土壤系统中的碳、氮、磷等养分结构。Bradley 等(2006)发现,长期的氮素添加能够有效提高枯枝落叶生物量,而枯枝落叶中磷素对土壤库的输入增加了土壤中的磷素含量。

大气氮沉降可通过影响土壤理化性质、植物生长状况、植食者的取食以及植物对植食者取食的响应直接或间接影响土壤动物多样性。大气氮沉降也可以通过改变地上植食性动物的取食对土壤动物多样性产生影响。例如,大气氮沉降导致植物叶片氮含量增加,从而促进地上食草动物的取食(Coley et al.,1985),减少植物向地下的输入(Throop,2005)。土壤动物不仅取食凋落物,还取食根系和根系分泌物,因此大气氮沉降还能通过改变根际沉淀来影响土壤动物的多样性。Högberg 等(2010)的研究结果也表明氮素输入改变了碳的分配模式,降低了微生物生物量,更有利于食真菌线虫的存在,从而改变土壤动物的群落结构,而且氮素输入有利于少数机会主义者的竞争,降低土壤中土壤动物的生物多样性,并降低土壤有机物质的降解速率(Treseder,2008)。

大气氮沉降可直接或间接通过氮素有效性、土壤 pH 值、土壤化学计量比、凋落物的质量和数量的变化,以及改变土壤微生物与植物之间的养分分配等方式,间接地影响土壤微生物结构、群落组成和功能(赵超等,2015)。大气氮沉降将改变土壤微生物群落结构,使得土壤微生物量减少;同时大气氮沉降将改变微生物功能,主要表现为降低土壤呼吸速率和土壤酶活性,进而改变微生物对土壤系统的利用模式等(薛璟花等,2005)。刘蔚秋等(2010)通过使用磷脂脂肪酸(Phospholipid fatty acid,PLFA)方法分析土壤微生物群落结构变化对大气氮沉降的响应,结果表明在氮饱和状态下,氮沉降会对细菌和真菌产生抑制作用,进而导致土壤微生物丰富度降低;赵超等(2015)通过人为施氮模拟试验研究人为施氮行为对土壤微生物的影响,研究结果表明短期施氮未对土壤微生物 PLFAs 总量产生显著性影响,但增加了细菌和革兰氏阳性细菌 PLFAs 含量;薛璟花等(2007)研究表明,在一定施氮水平内,氮处理会引起土壤微生物数量增加,但过量施氮则将对土壤微生物产生抑制作用,这可能是由于大气氮沉降改变土壤碳氮比,从而间接导致土壤微生物群落结构的改变。此外,Yevdokimov 等(2008)研究发现随着土壤氮添加水平不断升高,将导致土壤细菌/真菌 PLFA 比率显著下降,并且革兰氏阳性细菌/革兰氏阴性细菌比率也下降;高氮处理未对革兰氏阴性细菌产生显著性影响,但对革兰氏阳性细菌产生了显著性影响。

土壤 pH 值的降低将导致土壤有效养分的淋失,土壤酸化可使土壤铝离子活性增强,对植物产生明显毒害作用,也可使土壤中锰、汞和镉等有害元素的活性增强(Nosengo,2003),进而影响土壤质量。土壤酸化问题是大气氮沉降对生态系统重要的负面效应之一。在人为活动剧烈的欧洲中部、斯堪的纳维亚半岛、美国和加拿大等地区和国家的酸雨严重区域,已经出现了明显的土壤酸化现象,而严重的土壤酸化又会引起一系列的土壤物理、化学和生物性质的改变。酸雨对土壤的危害不仅与雨水中的 SO_4^{2-} 有关,也与 NO_3^- 直接相关。在大气干湿氮沉降中,不仅沉降的 NO_x 对土壤具有酸化作用,而且 NH_4^+ 对土壤酸化具有更加严重的影响,这是因为沉降到土壤中的 1 个 NH_4^+ 进行硝化作用时,可以放出 4 个 H^+。因此,大气 NH_4^+ 沉降所导致的土壤酸化影响可能比 SO_2、NO_x 沉降所导致的酸化作用更加明显(Galloway,1995)。

1.3　国内外研究现状

　　氮素是生命体的大量必需元素,在自然界有两种存在形式,即非活性氮(nonreactive nitrogen)与活性氮(reactive nitrogen)(Galloway et al. ,2003)。非活性氮即分子氮(N_2),占大气的79%,只能被固氮微生物利用;活性氮(Nr)即反应性氮,是生物圈和大气圈中具有生物、光化学或辐射活性的含氮化合物,这部分氮素一般不会转化成 N_2,而是通过沉降或直接被植物吸收等方式重新返回到生态系统中的(常运华等,2012)。工业革命以来,化石燃料的使用、工农业迅猛发展、人口膨胀等导致大气活性氮浓度持续升高(Vitousek et al. ,1997),而其中70%～80%的氮素会通过大气沉降方式返回地表(李德军等,2003;Galloway et al. ,2008),导致大气氮沉降量也不断升高。研究表明,全球陆地生态系统活性氮沉降量从1860年的15 Tg上升至1995年的165 Tg(Galloway et al. ,2008)。近年来,有研究表明,北美、西欧的国家,以及亚洲的中国、印度等已经成为全球氮沉降的三大分布区,通过文献数据对比发现,我国大气氮沉降量相对于全球其他地区更高,尤其是人类活动剧烈的华北平原、四川盆地、华中南部地区(梁婷等, 2014)(见表1-1)。

表 1-1　我国部分地区和世界其他区域大气氮沉降量比较

地点	监测时期	总沉降量 kg/(hm²·a)	数据来源
Caya Coco	2005～2007 年	3.85	Roberto González-De Zayas et al. ,2012
Virgin Islands	—	2.0	Strayer et al. , 2007
Mullica River-Great Bay	2004～2005 年	11.52	Ayars and Gao,2007
Kyushu	2007～2011 年	9.7	Masaaki Chiwa et al. ,2013
Urban area	2007～2008 年	10.7(湿沉降)	Network center of EANET
Rural area	2001～2008 年	15.1	Network center of EANET
华北平原农田	—	55.0	Shen et al. ,2009
上海地区	1998～2003 年	58.1(湿沉降)	张修峰等,2006
华中中南地区	1990～2003 年	63.5	Lü et al. ,2007
太湖流域	2011～2011 年	89.7	刘涛等,2012
北京东北旺远郊	2003～2004 年	26.3	张颖等,2006
南京市郊城乡接合部	2005～2006 年	109.9	邓君俊等,2009

　　由于人类活动导致的大气环境的高氮以干/湿沉降的方式返回地表,并以“营养源”和“酸源”的形式进入陆地生态系统和水生生态系统。因此,大气氮沉降不仅是去除大气中含氮污染物的有效手段,也是氮素生物地球化学循环的重要环节(Aber et al. ,2003;盛文萍等,2010)。因此,近些年对大气氮沉降基本特征的研究一直受到国内外学者的关注,其中沉降形态、过程、通量及时空变异一直是研究的重点。同时,随着氮沉降量的不断增加,对生态系统产生的“生态效应”也成为研究热点,从酸源(酸化氮)和营养源(营养

氮)的角度来研究氮沉降的生态效应,特别是酸化效应,展开了一系列的监测研究工作。现有研究已普遍认为大气氮沉降不仅可为植物生长提供必需的氮素养分,也会对陆地生态系统及水生生态系统产生负面影响,引起土壤或者水体酸化(Gao et al.,2007)。而且,过量氮沉降进入土壤会增加土壤氮素淋溶风险,降低其缓冲能力,最终进入水环境系统(河流、湖泊、海洋等),以营养源的形式导致水体富营养化(Vogt et al.,2006;张懿华等,2009;宋欢欢等,2014)。

伴随着工业化的进程,大气污染(硫化物、氮化物)造成的酸沉降对生态环境的影响日益严重,为了评价酸沉降的生态效应,20 世纪 70 年代出现了酸沉降"临界负荷"(critical loads)的概念,即"在不导致对生态系统的结构和功能产生长远有害影响变化时,生态系统能承受的最大酸性沉降量"。20 世纪 80 年代后期至今,欧洲和北美国家对酸沉降临界负荷的研究和应用得到了深入的发展。如从酸化角度开展氮的酸沉降临界负荷定量分析,与实际沉降量相比较,揭示氮沉降的酸化风险,确定酸沉降控制区域(张懿华等,2009),为政府决策部门制定合理高效的控制措施,提出酸化控制对策提供科学依据。时至今日,临界负荷法已被科学家作为研究酸沉降生态效应的依据和国际公认的进行有关酸沉降控制决策制定的科学手段(向仁军等,2009;施亚星等,2015)。

同时,高氮沉降不仅会导致生态系统的酸化,也会引发生态系统氮素盈余和富营养化的问题(郝吉明等,2003;English et al.,2006;常运华等,2012)。富营养化问题已成为全球水生生态系统面临的普遍危机,随着全球人口的不断增加,未来的食品需求、土地利用、化肥施用和氮沉降变化将加剧营养盐的输入强度,使水体富营养化形势更加严峻(高伟等,2015)。在控制水体富营养化的过程中,消减氮沉降量也许并非是目前最重要的任务,特别对于在我国目前工业废水排放、农业径流污染控制效果并不理想的情况下,大力控制如工业废水、生活污水及农田氮肥流失等形式引起的径流氮输入才是最紧迫的。但随着传统点源污染和非点源污染逐步得到控制,大气氮沉降输入相对于其他氮源的比例也将逐渐增大,作为生态系统重要营养源的大气氮沉降的生态效应(主要指富营养化效应)研究应该受到更多关注,因为超过土壤营养氮临界负荷的氮沉降必将造成水体富营养化(叶雪梅等,2002)。例如,经过近 30 年的控制治理,欧洲地区工业废水排放、农业径流污染问题已得到了有效控制,众多流域其他污染物浓度下降明显,但是水体环境中氮的含量长期维持在较高水平,甚至不断上升(Sprague et al.,2011)。因此,欧洲国家也逐渐意识到大气沉降作为生态系统氮源输入的重要性,并逐步将研究重心从酸沉降转移至降低营养氮沉降导致的水体富营养化的风险上(Hettelingh et al.,2007;Slootweg et al.,2007)。近年来,我国学者也越发意识到要从根本上解决水体富营养化的问题,除了控制工业废水、养殖和生活污水、农田径流等形式向水体直接氮素输入,还要针对大气中氮的来源,采取相应措施降低雨水中氮的浓度(如降低农田、家畜粪便中氨态氮的挥发),从而最终减少水体氮素输入,降低水体富营养化风险(王小治等,2004;刘文竹等,2014;刘东碧等,2015)。

为了评估和控制营养氮沉降的生态效应,关键是需要确定营养氮沉降临界负荷,即"在不产生有害影响的前提下被土壤接受的最大氮沉降量",当土壤氮淋溶浓度超过临界值时可以认为生态系统将发生富营养化,此时的氮沉降量即为营养氮临界负荷(Reynolds et al.,1998;宋欢欢等,2014)。我国学者郝吉明(2003)运用营养氮临界负荷的方法对我国土壤营养氮临界负荷进行了研究,发现我国土壤营养氮沉降临界负荷的分布总体上呈自西向东逐渐增加的格局,青藏高原和内蒙古西部、新疆东部等地区临界负荷小于 6.0 kg/(hm^2·a),超过国土面积 2/3 的地区的临界负荷超过 14.0 kg/(hm^2·a),该研究成果在国家营养氮沉降控制决策制定中起到重要作用,但是由于涉及尺度较大,分辨率较低,无法指导特定区域营养氮沉降控制。为此,越来越多的学者关注特定区域内的大气营养氮沉降,如周旺明等(2003)对长白山森林生态系统大气氮素湿沉降通量研究发现,氮沉降量已接近或超过区域的营养氮沉降临界负荷,存在一定的环境风险;周立峰(2012)基于临界负荷法评估了大气氮沉降对白溪水库水质的影响。

目前,大气氮沉降和水体氮污染均是国内外学者研究的热点问题。但自 19 世纪 80 年代至今,为了更好地控制全球日益严重的酸沉降,大气氮沉降作为重要"酸源"也成了各国科学家和公众广泛关注的议题,并从"酸源"的角度开展了大量的大气氮沉降通量和土壤酸沉降临界负荷研究,评价大气高氮沉降的土壤和水体酸化风险。目前,水体氮污染的研究主要集中在农田、城市、道路、林地等不同生态系统的氮输入通量和过程监测以及模型模拟与控制措施研究(Stutter et al.,2008;Little et al.,2008;郑捷等,2011;杨小林等,2013a;2013b)。虽然学者已经认识到高氮沉降会造成生态系统营养失衡和富营养化问题,但是从"营养源"的角度开展大气氮沉降临界负荷研究,评价其对生态环境的富营养化风险的明显不足。

丹江口水库作为全国最大的饮用水源保护区,也是我国南水北调 3 条调水线中唯一向京、津、冀豫等沿线城市提供饮用水的水源水库,其水质状况关系到水库下游和南水北调沿线城市居民的用水安全,对水质要求很高。但近年来,随着社会经济的发展,库区部分支流和局部库湾水体中总氮含量超标明显(涂安国等,2010)。为了有效控制丹江口水库的氮输入,丹江口库区不同生态系统的地表径流氮素迁移特征研究(涂安国等,2010;雷沛等,2012),以及末端治理、源头控制、过程减排、水生态修复等一系列库区水体富营养化防治技术的综合研究和运用受到广泛关注(汤显强等,2010;谭秋成,2012),但关于该区域大气氮沉降及其生态风险评价的研究报道很少。在丹江口库区流域工业废水、生活污水和农业径流排放不断得到控制的情况下(谭秋成,2012),积极开展库区大气氮沉降特征及其作为生态系统重要营养源的富营养化风险研究工作也十分必要。

综上所述,大气氮沉降量的不断增加使得我国氮沉降状况在区域乃至全球的研究中变得尤为重要(郑丹楠等,2014)。作为生态系统的重要营养源,基于营养氮沉降临界负荷的大气氮沉降生态系统的富营养化风险研究已成为全球氮素循环亟待研究的问题之一。在控制丹江口库区水质富营养化的过程中,削减氮沉降并不是目前最重要的任务,但为了从源头上根本解决库区因为过量氮输入导致的水体富营养化问题,就有必要考虑控制大气氮沉降对库区水体富营养化的影响。本书旨在摸清丹江口库区大气氮素沉降现状,确定丹江口库区区域尺度土壤营养氮沉降的临界负荷,摸清库区大气氮沉降的生态风险状况,并从源头控制、迁移过程阻截的角度构建库区氮素流失控制框架体系。本书不仅可确定大气氮沉降对库区水体富营养化的风险状况,也为库区水体富营养化的控制提供一个新思路和新视角,同时也为研究全国范围内大气氮沉降的时空分布及其长期变化趋势提供基础数据。

1.4　理论意义和应用价值

工业革命以来,化石燃料的使用、工农业迅猛发展、人口膨胀等因素导致大气中氮浓度持续升高,而大气中的绝大多数氮素将通过大气干湿沉降的方式返回地表,导致大气氮沉降量不断升高。从植物营养学角度看,氮沉降是土壤 – 作物系统继施肥之后的重要氮素来源,但其数量的不断升高也将导致生态系统产生富营养化问题。因此,开展大气氮沉降富营养效应评估,实现流域氮素养分的有效管理,对于充分利用大气氮沉降对生态系统氮素的补偿作用,缓解高氮沉降的负面影响具有重要意义。

本书的学术理论价值和实践应用价值主要在于为大气氮沉降生态效应研究提供了新视角,也为流域氮素有效管理提出了新思路,具有重要的学术价值和实践指导意义。

(1)大气氮沉降作为生态系统的重要酸源和营养源,现有研究多关注氮沉降的酸化效应,而作为营养源对生态系统的富营养效应研究较少,本书将丰富和完善大气沉降生态效应评估理论体系。

(2)本书将充分揭示大气沉降对生态系统氮素的输入贡献,以及可能引发的富营养化问题,这对充分利用大气沉降氮素输入,实现流域氮素有效管理,降低氮沉降富营养化风险,具有重要的理论价值和实践指导意义。

(3)丹江口库区作为南水北调中线工程的源头,开展大气氮沉降富营养效应和流域氮素养分管理研究,对于流域生态系统氮素流失控制,缓解库区水体富营养化的压力具有重要现实指导意义。

1.5　主要研究目标与拟解决的关键科学问题

1.5.1　主要研究目标

本书以丹江口库区为研究对象,采用野外定点监测、样品采集和室内理化分析、模型运用和文献参考等方法,系统研究丹江口库区大气氮沉降过程、规律与通量,深入分析丹江口库区小流域土壤氮素含量及储量空间分布特征,应用稳态质量平衡法(SMB)和ArcGIS技术,从“营养源”的角度确定库区土壤营养氮沉降的临界负荷,并将大气氮沉降通量作为外界压力,临界负荷作为生态系统氮沉降最大缓冲能力,确定氮沉降对库区的水生生态系统的富营养效应状况,综合考虑大气氮沉降、人为氮输入,以及流域土壤、地形地貌等综合因素的影响,构建流域氮流失风险评估模型,系统评估流域氮流失风险,并以此为依据划定流域富营养化高风险区,在充分利用大气沉降氮素输入的前提下,从流域氮素源头控制、过程阻截等方面,提出流域氮素管理措施,构建库区氮素流失控制最佳管理措施框架体系,从而降低库区水体富营养化风险,实现库区农田及自然生态系统可持续发展。

1.5.2　拟解决的关键科学问题

　　富营养化是威胁全球水生生态系统安全的最主要环境问题。作为水生生态系统富营养化的重要养分元素,减少系统氮的输入量成为控制富营养化问题的重要措施。如何长期、有效地控制系统氮水平并解决富营养化问题成为世界水环境管理领域的重要科学问题。国外学者研究已经表明,通过减少工业废水、生活污水排放和加强农业径流污染的长期治理,难以从根本上解决由于水体氮素含量较高导致的水体富营养化问题。这说明为了更好地控制水体富营养化问题,需要进一步明确水体氮的输入来源和环境响应。然而,作为生态系统的重要"营养源",大气高氮沉降对水生生态系统营养失衡和富营养化问题的贡献研究明显不足。

　　丹江口水库作为我国最大的饮用水源保护区,也是我国南水北调中线工程的水源地,其水质状况关系到水库下游和南水北调沿线城市居民的用水安全,为此国家和政府大力控制如工业废水、生活污水及农田氮肥流失等形式引起的径流氮输入,学者也开展了一系列的相关研究,而日益严重的高氮沉降对库区的氮输入及其生态效应研究却鲜有涉及。本书期望通过对库区大气氮沉降过程与通量的原位监测和库区流域土壤营养氮沉降临界负荷定量分析,从大气氮沉降的角度,揭示大气营养氮沉降的输入对库区生态系统的影响到底有多大,为政府决策部门制定合理、高效的库区氮输入控制措施,实现库区流域氮素综合管理提供科学依据。

1.6　主要研究内容

1.6.1　丹江口库区大气氮沉降特征

　　通过在丹江口库区典型小流域设置大气氮沉降野外监测点,安装雨量器和沉降收集器收集丹江口库区大气湿沉降样品和大气干湿混合沉降样品,通过实验室室内理化分析,深入研究丹江口库区大气氮沉降形态、过程与通量特征。

1.6.2　丹江口库区流域土壤氮素空间分异特征

　　通过高时空分辨率的野外土地利用类型调查与土壤样品采集,运用传统统计学和地统计学方法以及 ArcGIS 技术,深入分析丹江口库区典型小流域不同土地利用方式条件下土壤氮形态、储量的空间变化特征,以期为流域氮素流失风险评价及其管理提供数据基础与科学依据。

1.6.3　丹江口库区流域土壤营养氮沉降临界负荷

　　基于前人研究成果,参考确定丹江口库区土壤的氮矿化速率、反硝化速率和临界氮淋溶速率以及植被对氮的吸收速率等参数,并运用稳态质量平衡(SMB)法和 ArcGIS 技术,确定丹江口库区典型小流域土壤营养氮沉降临界负荷的空间分布规律。

1.6.4　丹江口库区流域氮素流失风险评估

以丹江口库区典型小流域为研究对象,通过理论分析与实地调研,采用文献研究法和ArcGIS技术等,参考国内外氮流失风险评价的氮指数法相关研究,根据丹江口库区小流域的自然地理环境、农业生产方式、施肥方式、施肥量等区域特征对氮指数法的相关因子进行修正和改进,建立丹江口库区小流域氮流失风险评估的指数评价方法,对库区典型小流域非点源氮流失风险进行评估,并建立流域氮流失的高风险区的快速识别技术方法。

1.6.5　丹江口库区流域氮素管理研究

通过野外实验小区定点观测实验,研究套种、间作以及秸秆覆盖等措施对库区土壤氮素流失控制作用,并从源头控制、迁移过程阻截的角度构建库区氮素流失控制的最佳管理措施体系,在实现流域大气沉降氮素输入的充分利用基础上,降低氮沉降造成土壤氮素盈余和流失的风险,最终缓解库区水体富营养化风险。

1.7　研究思路与技术路线

本书的具体研究思路可定为"提出目标—前期准备—研究内容实施—解决问题"四个步骤(见图1-1):

(1)提出目标。评估丹江口库区大气氮沉降富营养效应,充分考虑大气沉降对生态系统的氮素补充作用,提出流域氮素管理措施,降低因氮沉降造成的生态系统氮素盈余和流失,缓解库区氮沉降的富营养化风险。

(2)前期准备。根据研究任务,开展前期准备工作,收集相关资料和数据。

(3)研究内容实施。通过野外观测与模型计算,监测库区大气氮沉降过程与通量,揭示丹江口库区典型小流域的土壤氮素空间分布特征,定量计算库区土壤营养氮临界负荷,以氮沉降通量作为外界压力,临界负荷作为土壤最大缓冲能力,构建氮沉降富营养效应评价模型,结合GIS技术,定量评估氮沉降富营养化风险水平的空间变异。

(4)解决问题。综合考虑丹江口库区典型小流域大气氮沉降、人为氮素输入和当地土壤状况、地形地貌特征的情况下,建立丹江口库区小流域的氮指数评价方法,对流域非点源氮流失风险进行评估,识别流域氮流失的高风险区。通过野外小区观测试验,系统研究套种、间作以及秸秆覆盖等措施对库区土壤氮素流失的控制效果,并在此基础上,从源头控制、迁移过程阻截的角度构建库区氮素流失控制的最佳管理措施体系,为政府部门制定合理、高效的库区流域氮素流失管理控制措施,缓解流域由大气氮沉降导致的富营养化问题提供科学依据。

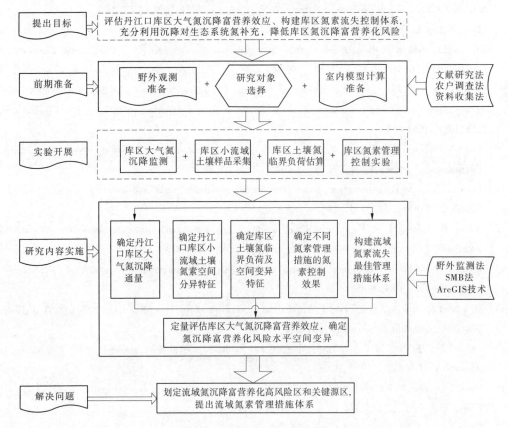

图 1-1　本书的具体研究思路

参考文献

［1］Andrea L, Rojas P, Venegas L E. Atmospheric deposition of nitrogen emitted in the Metropolitan area of Buenos aires to coastal waters of de la Plata River［J］. Atmospheric Environment,2009,43:1339-1348.

［2］Aneja V P, Roelle P A, Murray G C, et al. Atmospheric nitrogen compounds Ⅱ: emissions, transport, transformation, deposition and assessment［J］. Atmospheric Environment,2001,35(11):1903-1911.

［3］Ayars J, Gao Y. Atmospheric nitrogen deposition to the Mullica River-Great Bay Estuary［J］. Marine Environmental Research,2007,64,590-600.

［4］Beyn F, Matthias V, Aulinger A, et al. Do N-isotopes in atmospheric nitrate deposition reflect air pollution levels?［J］. Atmospheric Environment,2015,107(11):281-288.

［5］Bobbink R, Hicks K, Galloway J, et al. Global assessment of nitrogen deposition effects on terrestrial plant diversity: a synthesis［J］. Ecological Applications,2010,20(1):30-59.

［6］Bradley K, Drijber R A, Knops J. Increased N availability in grassland soils modifies their microbial communities and decreases the abundance of arbuscular mycorrhizal fungi［J］. Soil Biology & Biochemistry,2006,38(7):1583-1595.

［7］Cape J N, Cornell S E, Jickells T D, et al. Organic nitrogen in the atmosphere—Where does it come from?

A review of sources and methods[J]. Atmospheric Research,2011,102(1):30-48.

[8] Chang Y,Liu X,Deng C,et al. Source apportionment of atmospheric ammonia before,during,and after the 2014 APEC summit in Beijing using stable nitrogen isotope signatures[J]. Atmospheric Chemistry & Physics,2016,16(18):1-26.

[9] Chen L,Liu R M,Huang Q,et al. Integrated assessment of nonpoint source pollution of a drinking water reservoir in a typical acid rain region[J]. International Journal of Environmental Science and Technology, 2013,10(4):651-664.

[10] Chen N W,Hong H S,Zhang L P. Wet deposition of atmospheric nitrogen in Jiulong River watershed[J]. Environmental Science,2008,29(1):38-46.

[11] Clark C M,Tilman D. Loss of plant species after chronic low-level nitrogen deposition to prairie grasslands[J]. Nature,2008,451(7179):712-715.

[12] Clark H,Kremer J N. Estimating direct and episodic atmospheric nitrogen deposition to a coastal waterbody[J]. Marine Environmental Research,2005,59:349-366.

[13] Coley P D,Bryant J P,Chapin F S. Resource availability and plant antiherbivore defense[J]. Science, 1985,230(4728):895-899.

[14] Den Boer W M J,Van den Tweel P A. The health condition of the Dutch forests in 1984[J]. Netherlands Journal of Agricultural Science,1985,33:167-174.

[15] Dentener F J,Crutzen P J. A three-dimensional model of the global ammonia cycle[J]. Journal of Atmospheric Chemistry,1994,19(4): 331-369.

[16] Duce R A,Liss P S,Merrill J T,et al. The atmospheric input of trace species to the world ocean[J]. Global Biogeochemical Cycles,1989,5(3): 193-259.

[17] Elser J J,Andersen T,Baron J S,et al. Shifts in lake N:P stoichiometry and nutrient limitation driven by atmospheric nitrogen deposition[J]. Science,2009,326(326):835-837.

[18] English P B,Ross Z,Scalf R,et al. Nitrogen dioxide prediction in Southern California using land use regression modeling: Potential for environmental health analyses[J]. Journal of Exposure Science and Environmental Epidemiology,2006,16(2):106-114.

[19] Fenn M E,Jovan S,Yuan F,et al. Empirical and simulated critical loads for nitrogen deposition in California mixed conifer forests[J]. Environmental Pollution,2008,155:492-511.

[20] Foster N W,Hazlett P W,Nicolson J A,et al. Ion leaching from a sugar maple forest in response to acidic deposition and nitrification[J]. Water,Air,& Soil Pollution,1989,48:251-261.

[21] Galloway J N. Acid deposition: perspectives in time and space[J]. Water,Air,& Soil Pollution,1995, 85:15-24.

[22] Galloway J N. The global nitrogen cycle: past,present and future[J]. Science in China Series C,2005,48 (Special issue): 669-677.

[23] Galloway J N,Dentener F J,Capone D G,et al. Nitrogen cycles: past, present, and future [J]. Biogeochemistry,2004,70:153-226.

[24] Galloway J N,Townsend A R,Erisman J W,et al. Transformation of the nitrogen cycle: recent trends, questions,and potential solutions[J]. Science,2008,320(5878): 889-892.

[25] Gao Y,Kennish M J,Flynn A M. Atmospheric nitrogen deposition to the new Jersey coastal waters and its implications supplement[J]. Ecological Application,2007,17:31-41.

[26] Goulding K W T, Bailey N J, Bradbury N J, et al. Nitrogen deposition and its contribution to nitrogen cycling and associated soil processes[J]. New Phytologist,1998,139(1):49-58.

[27] He C E, Liu X J, Fangmeier A, et al. Quantifying the total airborne nitrogen input into agroecosystems in the North China Plain[J]. Agriculture, Ecosystems & Environment,2007,121: 395-400.

[28] Heathwaite L, Sharpley A, Gburek W. A conceptual approach for integrating phosphorus and nitrogen management at watershed scales[J]. Journal of Environment Quality,2000,29:158-166.

[29] Hettelingh J P, Posch M, Slootwg J, et al. Critical loads and dynamic modelling to assess European Area at risk of acidificaion and eutrophication[J]. Water, Air,& Soil Pollution,2007,7:379-384.

[30] Hettelingh J P, Posch M, De Smet P A M, et al. The use of critical loads in emission control agreement in Europe[J]. Water, Air & Soil Pollution,1995,85:2381-2388.

[31] Högberg M N, Briones M J I, Keel S G, et al. Quantification of effects of season and nitrogen supply on tree below-ground carbon transfer to ectomycorrhizal fungi and other soil organisms in a boreal pine forest [J]. New Phytologist,2010,187(2):485-493.

[32] Jaworek A, Adamiak K, Krupa A. Deposition of aerosol particles on a charged spherical collector[J]. Journal of Electrostatics. 1997,40-41:443-448.

[33] Jickells T. External inputs as a contributor to eutrophication problems [J]. Journal of Sea Research, 2005,54(1):58-69.

[34] Kazda M. Indications of unbalanced nitrogen of Norway spruce status[J]. Plant Soil,1990,128:97-101.

[35] Klopatek J M, Barry M J, Johnson D W. Potential canopy interception of nitrogen in the Pacific Northwest, USA[J]. Forest Ecology & Management,2006,234(1):344-354.

[36] Krusche A V, Camargo P B, Cerri C E, et al. Acidrain and nitrogen deposition in a sub-tropical watershed (Piraci-caba):ecosystem consequences[J]. Environmental Pollution,2003,121:389-399.

[37] Little C, Soto D, Lara A, et al. Nitrogen exports at multiple-scales in a southern Chilean watershed (Patagonian Lakes district)[J]. Biogeochemistry,2008,87(3):297-309.

[38] Liu X J, Zhang Y, Han W, et al. Enhanced nitrogen deposition over China[J]. Nature,2013,494(7438): 459-462.

[39] Lü C Q, Tian H Q. Spatial and temporal patterns of nitrogen deposition in China: Synthesis of observational data[J]. Journal of Geophysical Research-Atmosphere,2007,112(D22).

[40] Lu X K, Mo J M, Gundersern P, et al. Effect of simulated N deposition on soil exchangeable cations in three forest types of subtropical China[J]. Pedosphere,2009,19(2):189-198.

[41] Magill A H, Aber J D, Curri W S, et al. Ecosystem response to 15 years of chronic nitrogen additions at the Harvard Forest LTER, Massachusetts, USA Forest[J]. Ecology and Management,2004,196:7-28.

[42] Martínez-García S, Arbones B, García-Martín E E, et al. Impact of atmospheric deposition on the metabolism of coastal microbial communities[J]. Estuarine Coastal & Shelf Science,2015,153: 18-28.

[43] Masaaki Chiwa, Tsutomu Enoki, Naoko Higashi, et al. The increased contribution of atmospheric nitrogen deposition to nitrogen cycling in a rural forested area of Kyushu, Japan[J]. Water, Air,& Soil Pollution, 2013,224:1763.

[44] Matson P A, McDowell W H, Townsend A R, et al. The globalization of N deposition: Ecosystem consequences in tropical environments[J]. Biogeochemsitry,1999,46:67-83.

[45] Matson P A, Lohse K A, Hall S J. The globalization of nitrogen deposition: consequences for terrestrial

ecosystems[J]. Ambio,2002,31(2):113.

[46] Mcdowell W H, Magill A H, Aitkenheadpeterson J A, et al. Effects of chronic nitrogen amendment on dissolved organic matter and inorganic nitrogen in soil solution[J]. Forest Ecology & Management,2004, 196(1):29-41.

[47] Mo J M, Zhang W, Zhu W X, et al. Response of soil respiration to simulated N deposition in a disturbed and a rehabilitated tropical forest in southern China[J]. Plant and Soil,2007,296:125-135.

[48] Neff J C, Holland E A, Dentener F J, et al. The origin, composition and rates of organic nitrogen deposition:a missing piece of the nitrogen cycle? [J]. Biogeochemistry,2002,57-58(1):99-136.

[49] Nosengo N. Fertilized to death[J]. Nature,2003,425: 894-895.

[50] Osborne P J, Preston M R, Chen H Y. Azaarenes in sediments, suspended particles and aerosol ssociated with the River Mersey estuary[J]. Marine Chemistry,1997,58(1):73-83.

[51] Pan Y, Tian S, Liu D, et al. Fossil Fuel Combustion-related emissions dominate atmospheric ammonia sources during severe haze episodes: evidence from ^{15}N-stable isotope in size-resolved aerosol ammonium [J]. Environmental Science & Technology,2016,50(15): 8049-8056.

[52] Reche C, Viana M, Pandolfi M, et al. Urban NH_3 levels and sources in a Mediterranean environment[J]. Atmospheric Environment,2012,57: 153-164.

[53] Reynolds B, Wilson E J, Emmett B A. Evaluating critical loads of nutrient nitrogen and acidity for terrestrial systems using ecosystem-scale experiments (NITEX)[J]. Forest Ecology and Management, 1998,101: 81-94.

[54] Russow R, Böhme F. Determination of the total nitrogen deposition by the ^{15}N isotope dilution method and problems in extrapolating results to field scale[J]. Geoderma,2005,127:62-70.

[55] Schandler D W. Effects of acid rain on fresh water ecosystems[J]. Science,1988,239:149-151.

[56] Shen J L, Tang A h, Liu X J, et al. High concentrations and dry deposition of reactive nitrogen species at two sites in the North China Plain[J]. Environmental Pollution,2009,157:3106-3113.

[57] Slootweg J, Posch M, Hettelingh J P. Critical loads of nitrogen and dynamic modelling[J]. The Netherlands: RIVM,2007,9-19.

[58] Sprague L A, Hirsch R M, Aulenbach B T. Nitrate in the Mississippi River and its tributaries,1980 to 2008: are we making progress? [J]. Environmental Science & Technology,2011,45(17): 7209-7216.

[59] Strayer H, Smith R, Mizak C, et al. Influence of air mass origin on the wet deposition of nitrogen to Tampa Bay, Florida—an eight-year study[J]. Atmospheric Environment,2007,41,4310-4322.

[60] Stutter M A, Langan S J, Cooper R J. Spatial and temporal dynamics of stream water particulate and dissolved N, P and C forms along a catchment transect, NE Scotland [J]. Journal of Hydrology,2008, 350:187-202.

[61] Tarnay L, Gertler A W, Blank R R, et al. Preliminary measurements of summer nitric acid and ammonia concen-trations in the Lake Tahoe Basin air-shed:implications for dry deposition of atmospheric nitrogen[J]. Environmental Pollution,2001,113:145-153.

[62] Td C S J, Cape J N, Rowland A P, et al. Organic nitrogen deposition on land and coastal environments: a review of methods and data[J]. Atmospheric Environment,2003,37(16):2173-2191.

[63] Throop H L, Larsson S. Nitrogen deposition and herbivory affect biomass production and allocation in an annual plant[J]. Oikos,2005,111(1):91-100.

[64] Treseder K K. Nitrogen additions and microbial biomass: a meta-analysis of ecosystem studies[J]. Ecology Letters,2008,11(10):1111-1120.

[65] Tsapakis M,Stephanou E G. Diurnal cycle of PAHs, nitro-PAHs, and oxy-PAHs in a high oxidation capacity marine background atmosphere[J]. Environmental Science & Technology,2007,41(23):8011-8017.

[66] Turner J. Nutrient cycling in an age sequence of western Washington Douglas-fir stands[J]. Annals of Botany,1981,48:159-170.

[67] Van der Eerden L J M. Toxicity of ammonia to plants[J]. Agriculture Ecosystems & Environment,1982,7:223-235.

[68] Vitousek P M,Aber J D,Howarth R W,et al. Human alteration of the global nitrogen cycle: sources and consequences[J]. Ecological Applications,1997,7:737-750.

[69] Vogt R D,Seip H M,Larssen T,et al. Potential acidifying capacity of deposition: experiences from regions with high NH_4^+ and dry deposition in China[J]. Science of the Total Environment,2006,367:394-404.

[70] Wang L,Qi J H,Shi J H,et al. Source apportionment of particulate pollutants in the atmosphere over the Northern Yellow Sea[J]. Atmospheric Environment,2013,70:425-434.

[71] Weigel A,Russow R,Korsehensehens M. Quantification of airborne N-input in long-term field experiments and its validation through measurements using ^{15}N isotope dilution[J]. Journal of Plant Nutrition and Soil Science,2000,163:261-265.

[72] Winchester J W,Escalona L,Meng F J,et al. Atmospheric deposition and hydrogeologic flow of nitrogen in northern Florida watersheds[J]. Geochimica et Cosmochimica Acta,1995,59(11):2215-2222.

[73] Yang X L,Zhu B,Li Y L. Spatial and temporal distribution patterns of soil nitrogen under different land uses in a watershed in the hilly area of Purple soil,China[J]. Journal of Mountain Science,2013,10(3):410-417.

[74] Yevdokimov I,Gattinger A,Buegger F,et al. Changes in microbial community structure in soil as a result of different amounts of nitrogen fertilization[J]. Biology and Fertility of Soils,2008,44(8):1103-1106.

[75] Yu W T,Jiang C M,Ma Q,et al. Observation of the nitrogen deposition in the lower Liaohe River Plain Northeast China and assessing its ecological risk[J]. Atmospheric Research,2011,101:460-468.

[76] 常运华,刘学军,李凯辉,等.大气氮沉降研究进展[J].干旱区研究,2012,29(6):972-979.

[77] 崔键,周静,杨浩,等.我国红壤区大气氮沉降及其农田生态环境效应[J].土壤,2015,47(2):245-251.

[78] 崔键,周静,杨浩.农田生态系统大气氮、硫湿沉降通量的观测研究[J].生态环境学报,2009,18(6):2243-2248.

[79] 戴轩宇,徐爱兰,姚颖.南通平原河网地区典型农田系统地下水硝态氮污染调查[J].环境监控与预警,2017,9(3):53-55.

[80] 樊后保,黄玉梓.陆地生态系统氮饱和对植物影响的生理生态机制[J].植物生理与分子生物学学报,2006,4:395-402.

[81] 高红莉,周文宗,陈阳.南水北调中线丹江口库区水环境现状[J].长江流域资源与环境,2007,16(Z2):113-117.

[82] 高伟,高波,严长安,等.鄱阳湖流域人为氮磷输入演变及湖泊水环境响应[J].环境科学学报,2016,36(9):3137-3145.

[83] 国家环境保护局,国家技术监督局.环境空气降尘的测定重量法:GB/T 15265—94[S].北京,中国标准出版社,1993.

[84] 郝吉明,段雷,谢绍东.临界负荷在中国酸沉降控制中的应用[C]//环境科技进展—中国环境科学学会成立20周年论文选.北京:中国环境科学出版社,1999,225-229.

[85] 郝吉明,齐超龙,段雷,等.用SMB法确定中国土壤的营养氮沉降临界负荷[J].清华大学学报(自然科学版),2003,6:849-853.

[86] 贺成武,任玉芬,王效科,等.北京城区大气氮湿沉降特征研究[J].环境科学,2014,35(2):490-494.

[87] 雷沛.丹江口库区及上游污染源解析和典型支流及库湾水质风险特征研究[D].武汉:武汉理工大学,2012.

[88] 李德军,莫江明,方运霆,等.氮沉降对森林植物的影响[J].生态学报,2003,9:1891-1900.

[89] 梁婷,同延安,林文,等.陕西省不同生态区大气氮素干湿沉降的时空变异[J].生态学报,2014,34(3):738-745.

[90] 林兰稳,肖辉林,刘婷琳,等.广州东北郊大气氮湿沉降动态及其与酸雨的关系[J].生态环境学报,2013,22(2):293-297.

[91] 刘冬碧,张小勇,巴瑞先,等.鄂西北丹江口库区大气氮沉降研究[J].生态学报,2015,35(10):1-12.

[92] 刘涛,杨柳燕,胡志新,等.太湖氮磷大气干湿沉降时空特征[J].环境监测管理与技术,2012,24(6):20-24,42.

[93] 刘蔚秋,刘滨扬,王江,等.不同环境条件下土壤微生物对模拟大气氮沉降的响应[J].生态学报,2010,30(7):1691-1698.

[94] 刘文竹,王晓燕,樊彦波.大气氮沉降及其对水体氮负荷估算的研究进展[J].环境污染与防治,2014,36(5):88-93,101.

[95] 卢蒙.氮输入对生态系统碳,氮循环的影响:整合分析[D].上海:复旦大学,2009.

[96] 梅雪英,张修峰.上海地区氮素湿沉降及其对农业生态系统的影响[J].中国生态农业学报,2007,15(1):16-18.

[97] 秦伯强,高光,朱广伟,等.湖泊富营养化及其生态系统响应[J].科学通报,2013,58(10):855-864.

[98] 荣海,范海兰,李茜,等.模拟氮沉降对农田大型土壤动物的影响[J].东北林业大学学报,2011,39(1):85-88.

[99] 沈芳芳,袁颖红,樊后保,等.氮沉降对杉木人工林土壤有机碳矿化和土壤酶活性的影响[J].生态学报,2012,2:517-527.

[100] 盛文萍,于贵瑞,方华军,等.大气氮沉降通量观测方法[J].生态学杂志,2010,29(8):1671-1678.

[101] 施亚星,吴绍华,周生路,等.基于环境效应的土壤重金属临界负荷制图[J].环境科学,2015,36(12):4600-4608.

[102] 史秀华,刘予宇,浮田正夫.日本酸雨及其对环境生态系统的影响[J].内蒙古农业大学学报,2000,21(1):109-114.

[103] 宋欢欢,姜春明,宇万太.大气氮沉降的基本特征与监测方法[J].应用生态学报,2014,25(2):599-610.

[104] 宋玉芝,秦伯强,杨龙元,等.大气湿沉降向太湖水生生态系统输送氮的初步估算[J].湖泊科学,

2005,17(3):226-230.

[105] 汤显强,杨文俊,尹炜,等.丹江口水库水体富营养化生态修复对策初探[J].长江流域资源与环境,2010,19(2):165-171.

[106] 涂安国,尹炜,陈德强,等.丹江口库区典型小流域地表径流氮素动态变化[J].长江流域资源与环境,2010,19(8):926-932.

[107] 汪家权,吴劲兵,李如忠,等.酸雨研究进展与问题探讨[J].水科学进展,2005,15(4):526-530.

[108] 王骏飞,刘宁锴.大气氮沉降机制及其生态影响研究进展[J].污染防治技术,2018,31(6):17-21,39.

[109] 王小治,朱建国,高人,等.太湖地区氮素湿沉降动态及生态学意义:以常熟生态站为例[J].应用生态学报,2004,15(9):1616-1620.

[110] 吴刚,章景阳,王星.酸沉降对重庆南岸马尾松针叶林年生物生产量及其经济损失的估算[J].环境科学学报,1994,14(4):560-465.

[111] 向仁军,柴立元,曾梅,等.韶山森林生态系统硫沉降临界负荷[J].湖南大学学报(自然科学版),2009,36(5):71-76.

[112] 肖辉林.大气氮沉降对森林土壤酸化的影响[J].林业科学,2001,37(4):111-116.

[113] 谢迎新,张淑利,冯伟,等.大气氮素沉降研究进展[J].中国生态农业学报,2010,18(4):897-904.

[114] 徐国良,莫江明,周国逸.模拟氮沉降增加对南亚热带主要森林土壤动物的早期影响[J].应用生态学报,2005,16(7):1235-1240.

[115] 薛璟花,莫江明,李炯,等.氮沉降增加对土壤微生物的影响[J].生态环境,2005,5:777-782.

[116] 薛璟花,莫江明,李炯,等.土壤微生物数量对模拟氮沉降增加的早期响应[J].广西植物,2007,27(2):174-179.

[117] 晏维金,章申,王嘉慧.长江流域氮的生物地球化学循环及其对输送无机氮的影响—1968～1997年的时间变化分析[J].地理学报,2001,56(5):505-514.

[118] 杨龙元,秦伯强,胡维平,等.太湖大气氮、磷营养元素干湿沉降率研究[J].海洋与湖沼,2007,38(2):104-110.

[119] 杨小林,李义玲,朱波,等.紫色土小流域不同土地利用类型的土壤氮素时空分异特征[J].环境科学学报,2013,33(10):2807-2813.

[120] 杨小林,朱波,董玉龙,等.紫色土丘陵区小流域非点源氮迁移特征研究[J].水利学报,2013,44(3):276-283.

[121] 杨小林,朱波,花可可.紫色土区小流域不同土地利用类型非点源氮迁移特征[J].水土保持学报,2013,27(2):71-79.

[122] 杨小林,朱波,李义玲.基于改进型 DNDC 模型的小流域非点源氮迁移过程模拟与空间拓展应用[J].水利学报,2013,44(10):1197-1203.

[123] 叶雪梅,郝吉明,段雷,等.中国主要湖泊营养氮沉降临界负荷的研究[J].环境污染与防治,2002,1:54-58.

[124] 宇万太,马强,张璐,等.下辽河平原降雨中氮素的动态变化[J].生态学杂志,2008,1:33-37.

[125] 张福锁,王激清,张卫峰,等.中国主要粮食作物肥料利用率现状与提高途径[J].土壤学报,2008,45(5):915-924.

[126] 张宁,李利平,殷华,等.用洁净水体监测大气沉降物污染的新方法研究[J].环境监控与预警,2013,5(6):20-23.

[127] 张修峰,李传红.大气氮湿沉降及其对惠州西湖水体富营养化的影响[J].中国生态农业学报, 2008,16(1):16-19.

[128] 张修峰.上海地区大气氮湿沉降及其对湿地水环境的影响[J].应用生态学报,2006,17(6):1099- 1102.

[129] 张懿华,谢绍东.基于临界负荷择选硫和氮沉降控制[J].科学通报,2009,54:1874-1879.

[130] 赵超,彭赛,阮宏华,等.氮沉降对土壤微生物影响的研究进展[J].南京林业大学学报(自然科学版),2015,3:149-155.

[131] 赵永宏,邓祥征,战金艳,等.我国湖泊富营养化防治与控制策略研究进展[J].环境科学与技术, 2010,33(3):92-98.

[132] 郑丹楠,王雪松,谢绍东,等.2010 年中国大气氮沉降特征分析[J].中国环境科学,2014,34(5): 1089-1097.

[133] 郑捷,李光永,韩振中,等.改进的 SWAT 模型在平原灌区的应用[J].水利学报,2011,42(1):88- 97.

[134] 周立峰.大气氮沉降对白溪水库饮用水源水质影响研究[D].宁波:宁波大学,2012.

[135] 周旺明,郭焱,朱保坤,等.长白山森林生态系统大气氮素湿沉降通量和组成的季节变化特征[J]. 生态学报,2015,35(1):158-164.

第 2 章　研究区域概况

丹江口水库是南水北调中线工程水源地,横跨豫鄂两省,汇水面积 9.5 km²,介于 109°25′E ~ 111°52′E, 32°14′N ~ 33°48′N(王剑等,2015)。丹江口水库库区的主要入库支流有丹江、淇河、老灌河、滔河等(封光寅等,2005),土壤以山地黄棕壤和黄褐土为主,伴有紫色土发育。丹江口水库一期工程于 1973 年建成,正常蓄水位 157 m,2014 年二期调水后,正常蓄水位达到 170 m,抬高水位淹没影响区土地面积285.7 km²(见图 2-1),涉及河南和湖北 2 省 6 县(市)(李伟萍等,2011)。丹江口库区人口密度大,土地负荷重,主要以农业生产为主,生态环境较为脆弱。丹江口水库库区周边地区以浅山丘陵地为主,沟壑纵横,地形复杂破碎,坡度较大,植被多以中幼林、中龄林和低效林为主,植被覆盖率较低,枝叶截留及根系固土保水保肥能力较弱。近年来,人类对库区森林植被的损毁、对土地资源的过度开垦以及对矿产资源的不合理开发利用,加上农业生产中不合理地使用化肥、农药和除草剂,导致库区水土流失和非点源污染问题尤为突出,加剧了丹江口水库水体污染的风险(乔卫芳等,2011)。

图 2-1　本书研究区域位置图

丹江口水库作为南水北调中线工程的水源地,为了保护水库水质,国家从 2007 年开始实施了丹江口库区及上游水污染和水土保护项目(尹炜等,2011)。近 10 年来,各种水环境治理措施通过改变小流域土地利用结构的方式逐步呈现,尤其是退耕还林、坡改梯、植被恢复等生态防护工程逐步得到应用(Li et al.,2009)。同时,库区小流域土地种植模式也不断改变,逐渐出现了集约化种植模式等(贾海燕等,2019),库区地表径流的氮输入控制取得一定成效。

2.1　本研究区域概况

2.1.1　地理位置

丹江口水库位于汉江中上游,地处湖北省、河南省和陕西省交界处,其库区分布于湖北省丹江口市与河南省南阳市淅川县,分别称为汉库(丹江口市)和丹库(淅川县)。汉库接纳汉江及其支流上游来水,丹库主要接纳丹江及老灌河来水。本书研究区主要位于河南省南阳市淅川县老城镇乡,淅川县位于河南省西南,豫、鄂、陕三省接合部。县境东北两面与河南省邓州、内乡、西峡相接,西与陕西省商南相连,南与湖北省郧阳区、光化、均县毗邻。县境地处秦岭支脉伏牛山南麓山区,总体地势由西北向东南倾斜,西北部为低山区,中部为丘陵区,东南部为岗地及冲积平原区,境内海拔 120 ~ 1 086 m,地理坐标为北纬 32°55′ ~ 33°23′,东经 110°58′ ~ 111°53′。总面积 2 798 km²,其中山坡丘陵 1 815 km²,占 64.9%;垄岗平地 588 km²,占 21%;水域面积 395 km²,占 14.1%。辖 12 个镇、4 个乡、517 个行政村,总人口 74.6 万人,其中农业人口 65.8 万人。

2.1.2　地形地貌

丹江口库区位于秦岭东西向构造体系的南部边缘,处在鄂西北汉江流域和南阳盆地中西部。由于受到淮阳山字形构造西翼反射弧的影响,地质构造复杂,燕山运动对该区域造成一系列褶皱断裂带。库区地处秦岭及伏牛山南麓山区,地形地貌复杂多样,四面环山、重峦叠嶂、沟壑纵横,岭谷之间地形高差悬殊。地势总体呈西北高,东南低。西部、北部被伏牛山所环绕,东部自北向南依次为山地、丘陵、垄岗、平原。丹江两岸为红色狭长盆地,属白垩纪及第三纪,主要是红色泥沙岩、页岩、砾石。北部山区,为元古界及下震旦统变岩系,主要岩性为片岩、片麻岩、混合岩、石灰岩,并有花岗岩和基性岩脉分布。全区土地可划分为河谷平地、山间盆地、岗地、丘陵、低山、中山和高山等地貌类型。库区山地面积大、水面资源丰富、有大片的消落地,但耕地资源相对不足。

2.1.3　气候

丹江口库区地处亚热带和暖温带之间的过渡区域,属于典型的季风型大陆性半湿润气候,四季分明。多年平均气温约为 15 ℃,其中,大于或等于 10 ℃ 的年积温平均为 5 123.3 ℃,多年平均日照时数 2 121 h,年无霜期 225 ~ 240 d,年平均降水量 800 ~ 1 000 mm,但自然降水时间分布不均,主要集中在 7 ~ 9 月,且多以暴雨形式出现,基本上属于雨热同期。库区多年平均蒸发量达 854 mm,由于丹江口水库水面对气候的调节作用及北部的山脉能有效地阻挡北方冷空气的入侵,库区形成了自己独特的气候特点。库区周边区域在夏天比建库前低 0.5 ~ 0.8 ℃,冬天比建库前高 0.4 ~ 1.0 ℃。丹江口库区属光、热、水等资源丰富地区,能很好地满足当地农作物生长需要,但是丹江口库区冬春旱、盛夏长、秋雨多、湿害重,各地都存在干旱、暴雨、冰雹等灾害性天气的破坏和影响。

淅川县属于北亚热带季风型大陆性半湿润气候,多年平均无霜期约为 230 d。多年平均气温为 15.8 ℃,极端最高气温 42.6 ℃,最低气温 −13.2 ℃。多年最大年降水量 1 423 mm,最小年降水量 391 mm,年平均降水量 798 mm,年降水主要集中在 6 ~ 9 月,期间降水量占年均降水量的 59.8%。降水特征主要表现为西北多、东南少,山区多、丘陵和平原区少。由于淅川县区位独特,四季特征主要表现为:春季(3 ~ 5 月)回暖快,偏东南风多,气温变化强烈;中春阴雨天气较多,后春 5 月常伴有冰雹、大风天气出现;夏季(6 ~ 8 月)降水比较集中,但是旱涝不均,初夏期间易出现干旱灾害,中、后夏期间降水较为丰富;秋季(9 ~ 11 月)较为凉爽,且容易出现连阴雨,但是部分年份若受极地大陆气团控制,秋高气爽,晚秋降温迅速,降水骤减;冬季(12 月至翌年 2 月)西北风多,雨雪少,较为干冷,但是严寒期较为短暂。

2.1.4 土壤

丹江口库区土壤类型主要有黄棕壤、黄褐土、石灰土、棕壤、潮土、水稻土、紫色土等类型。库区土层厚度多在 20 ~ 40 cm,其中耕地的土层厚度一般低于 60 cm,林地土层厚度一般低于 40 cm,特别是柏木林、灌草丛区域土层厚度多小于 10 cm。由于降水在时间分布上较为集中,且土壤结构性差,人为干扰频繁,因此土壤容易遭受降水或径流冲刷侵蚀从而导致土壤内部营养元素水平偏低、土壤贫瘠,严重影响农业生产(段诚,2014)。淅川县土壤类型主要包括潮土、砂姜黑土、黄棕壤和紫色土 4 种类型,其中黄棕壤占总土壤面积的 90.9%。据南阳市农业部门调查,该区域的土壤质地黏重,易干缩裂缝、通透性差、表土层疏松浅薄,既不耐旱,又不耐涝,对降雨冲击的抵抗力弱,容易发生土壤侵蚀,经雨水冲刷后极易形成水土流失。区域内地形以陡坡和低山丘陵为主,且坡度小于 20°的低山丘陵地区一般多开垦为坡耕地,小麦 − 玉米轮作为该区的主要耕作模式;淅川县作为河南省重要的柑橘种植基地,柑橘种植面积较大,目前柑橘一般种植在坡度较大且土层较厚的地区,而且现已大多进行了"坡改梯"改造。

2.1.5 植被

丹江口库区植被区属于典型北亚热带常绿阔叶混交林地带,植物种类较为繁多,生物多样性丰富。丹江口库区的植被类型主要包括以栓皮栎和短柄枹栎为主的落叶阔叶林、马尾松和柏木为主的暖性常绿针叶林、侧柏和黑松为主的温性针叶林、白刺花为主的落叶阔叶灌丛和龙须草、芨草为主的草丛。适生的植物种类繁多,常见有栎类、马尾松、侧柏、杉木、棕榈、杨、柳、榆、槐、椿等(刘成,2016)。库区植被分布在空间上不均,中高山区森林覆盖率较高,部分区域仍存在原始森林,低山丘陵区森林覆盖率相对较低(李亦秋,2009)。丹江口湿地市级自然保护区植物群落分为 5 级,8 个植被型,47 个群系,森林植被主要有针叶林、阔叶林、竹林、灌丛及灌草丛等。植被主要是人工林,地带性的阔叶次生林极少。植被整体特征表现为空间结构和林龄结构单一,林分退化严重,植被水源涵养和水土保持等生态功能不强。

2.2　本研究典型小流域概况

丹江口水库流域面积巨大,达 9.52 万 km²,为了便于开展研究,本书主要以丹江口库区淅川段北岸的典型小流域——老城镇小流域为研究对象,开展丹江口水库库区大气氮沉降特征、流域土壤氮素时空分布特征、流域土壤氮流失风险评估及土壤营养氮临界负荷研究,并在河南省南阳市淅川县毛堂乡毛堂村和淅川县上集镇贾沟村低龄茶园和柑橘园小区开展野外监测,研究不同管理措施对低龄茶园和柑橘园土壤氮素流失特征的影响,从而为流域氮素管理提供科学依据。其中,老城镇小流域位于河南省南阳市淅川县老城镇乡,介于 111°21′5.57″E ~ 111°25′20.45″E,33°0′54.90″N ~ 33°4′50.54″N(见图 2-2),流域面积为 6.90 km²,流域内地貌类型以丘陵、岗地为主,有少量的低山,80.07% 的面积坡度在 25°以下,小流域的土地利用类型以耕地、灌草丛和林地为主,占小流域总面积的 95% 以上,余下为农村村落、道路等类型。流域土壤类型主要以石灰土、黄棕壤为主;林地植被以柏木针叶林和针阔叶混交林为主,耕地农作物以玉米、油菜、小麦、花生、芝麻和红薯为主。

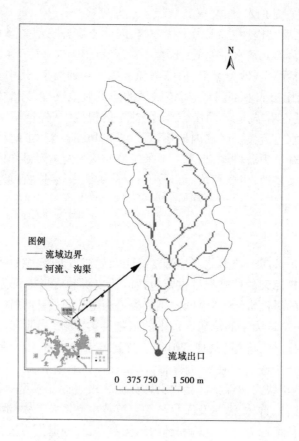

图 2-2　淅川县老城镇小流域范围示意图

参考文献

[1] Li S Y,Gu S,Tan X,et al. Water quality in the upper Han River basin,China：the impacts of landuse/land cover in riparian buffer zone[J]. Journal of Hazardous Materials,2009,165(1)：317-324.

[2] 段诚.典型库岸植被缓冲带对陆源污染物阻控能力研究[D].武汉：华中农业大学,2014.

[3] 封光寅,胡家庆,陈学谦,等.南水北调中线水源区水质状况及防治对策[J].中国水利,2005,8:48-50.

[4] 贾海燕,徐建锋,李海燕,等.农业小流域土地利用格局变化对氮素输出的影响—以丹江口库区胡家山小流域为例[J].人民长江,2019,50(2):24-29,34.

[5] 李伟萍,曾源,张磊,等.丹江口水库消落区土地覆被空间格局分析[J].国土资源遥感,2011,4:108-114.

[6] 李亦秋.基于 3S 技术的丹江口库区及上游生态系统服务价值评价[D].北京：北京林业大学,2009.

[7] 刘成.基于土地利用结构的丹江口水库库湾富营养化风险评估[D].武汉：华中农业大学,2016.

[8] 乔卫芳,赵同谦,邰超.丹江口水库河南汇水区土地利用景观格局分析[J].河南理工大学学报(自然科学版),2011,30(3):350-356.

[9] 王剑,尹炜,赵晓琳,等.丹江口水库新增淹没区农田土壤潜在风险评估[J].中国环境科学,2015,35(1):157-164.

[10] 尹炜,史志华,雷阿林.丹江口水库水环境问题分析研究[J].人民长江,2011,42(13):90-94.

第 3 章　丹江口库区大气氮沉降特征

3.1　引　言

工业革命以来,随着矿物燃料燃烧、农业化肥施用、汽车产业发展和土地利用方式变化的发展,全球的氮素沉降通量呈现逐年增加的趋势(Holland et al.,1999)。随着我国社会经济的进一步发展,近年来我国大气氮沉降量也逐年上升。1981～2010 年,我国总氮沉降量以 0.041 g/m² 的速度逐年上升(Liu et al.,2013),2010 年中国氮沉降总量约为 7.6×10¹² g(郑丹楠等,2014)。大气氮沉降是氮素输入到陆地生态系统的重要方式,适量的氮沉降能够提高生态系统的养分供应,有利于植物生长(Schulte－Uebbing et al.,2018),降低有机质分解速度并提高生态系统生产力(莫凌梓等,2018;Tonitto et al.,2014),而一旦沉降量超过了生态系统的临界负荷,会引起生态系统的负面效应,如生物多样性降低、氮素过饱和、土壤酸化和水体富营养化等问题(周双军等,2015;杨涵越等,2016;宋蕾等,2018)。因此,针对大气氮沉降及其造成的生态环境影响的研究,已经引起了国内外学者的广泛关注。

作为全球氮沉降的三大热点地区(北美、西欧和东亚)之一,我国的大气氮素沉降定量监测研究工作始于 20 世纪 70 年代末(刘崇群等,1984;鲁如坤等,1979),并主要集中于大气湿沉降的研究,21 世纪以来得以较快发展,并在不同类型的生态系统中开展了一系列的监测和研究工作,例如农田、林地、草原、水体、城市等生态系统类型(如周薇等,2010;刘平等,2017;莫凌梓等,2018)。目前,最常用的氮素湿沉降的监测方法主要通过量雨器或降雨降尘自动采样器采集样品,而后在实验室进行氮形态、浓度等常规分析(王焕晓等,2018)。如刘平等(2016)利用 DELTA 系统、被动采样器和雨量器在山西省北部生态脆弱区朔州开展了为期一年的大气氮沉降监测试验,结果表明该地区作为典型的干旱区,该地区氮的干沉降是湿沉降的 3 倍,氮素干湿沉降总量达到 47.86 kg/(hm²·a),较高的氮沉降通量,应该对该地区输入农田的氮素环境养分引起足够重视;马明真等(2019)通过雨量计监测了江西千烟洲亚热带典型流域氮沉降季节变化特征,结果表明外源性氮输入导致该流域水体环境处于氮过量的状态,长期高氮沉降输出会提高下游鄱阳湖水系的水体营养化程度;刘超明等(2018)利用雨量计对洞庭湖大气氮素湿沉降的时空变化规律进行了监测研究,结果表明洞庭湖区域大气氮沉降存在明显的时空变异性,春季氮沉降通量占全年 50% 以上,而且不同监测点的氮沉降通量介于 38.7～90.9 kg/hm²;张颖等(2006)对华北地区大气氮沉降的研究结果显示,大气氮沉降通量在空间上也存在一定差异,表现为北京明显高于河北和山东,且降水中铵态氮浓度明显高于硝态氮。

国内外对大气氮沉降已有深入研究,但是大气氮沉降作为流域非点源污染的重要来源之一,由于其来源复杂、流域气象因素(降水、风速和风向)存在较大差异,大气氮沉降浓度、沉降量等也存在较大差异,使大气氮沉降在时间和空间上也存在明显变化。目前,我国对大气氮沉降的研究主要集中于农田、城市等人类活动密集的地区,研究内容包括大气氮沉降的来源、化学形态特征、沉降过程等,并取得了显著进展。但是总体来说大气氮沉降通量及其环境影响方面的研究还比较有限,全国范围内的基础数据仍然缺乏(刘冬碧等,2015)。

丹江口水库作为我国最大的饮用水源保护区,其水质不仅影响到库区水生态环境状况,更直接关系到调水工程受水区的水质安全问题,对水质要求很高(谭香等,2011)。因此,丹江口库区的工业污水、村镇生活污水排放以及农业非点源污染对库区水体水质影响和控制研究一直备受关注。如李莉等(2014)对丹江口库区水源地非点源污染状况进行研究,表明丹江口库区农田非点源污染、畜禽养殖废物、农村生活废物废水、水土流失等是库区水体污染的主要原因,并认为加强丹江口库区水源地非点源污染治理势在必行;王国重等(2017)对丹江口库区典型小流域农田的非点源氮迁移特征进行了研究,结果表明盲目施肥的现象在丹江口水库水源区普遍存在,施肥数量超过作物所需,造成氮素流失严重;贾海燕等(2019)研究了丹江口库区土地利用类型变化对流域总氮输出的影响,以期为丹江口库区生态清洁小流域建设提供参考,结果表明流域内林地、耕地、居民地的空间分布格局对流域氮素输出均有影响,库区通过退耕还经济林、自然封育和荒山补植等为主的水土保持措施,对库区水体总氮输出的控制效果较为明显。近年来,随着丹江口库区工业污水、村镇生活污水排放以及农业非点源污染的控制和工农业发展造成的含氮化合物排放量的激增,氮沉降输入相对于其他氮源的比例也将逐渐增大,作为生态系统重要"营养源"的氮沉降研究应该受到更多关注。基于此,本书通过丹江口库区的大气氮沉降长期监测研究,尝试摸清丹江口库区大气氮素沉降特征和通量,以期为丹江口库区农田生态系统施肥、生态环境治理和水资源保护提供科学依据,同时为研究全国范围内大气氮沉降通量的时空分布及其长期变化趋势研究提供基础数据。

3.2　研究方法

3.2.1　样品的采集

大气氮沉降主要有湿沉降、干沉降和干湿混合沉降三种,其中干湿混合沉降由湿沉降和干沉降组成。本研究于 2016 年 1 月至 2018 年 12 月通过开展野外连续定点监测,采集库区湿沉降与干湿混合沉降样品研究丹江口库区大气氮沉降特征。为了便于样品采集和减少人为活动干扰,将样品采集容器安装固定在老城镇小流域的农家用房房顶,距离地面约 8 m,周围无遮挡雨、雪、风的高大树木或建筑物,也无烟囱、大的交通道路等点、线污染源。大气干湿混合沉降样品采集容器为直径 30 cm、深度约 50 cm 的圆桶,在使用前用 1∶5 的稀 HCl 溶液浸泡 24 h,之后用超纯水清洗干净并晾干,然后固定在房顶已事先安装的支架上。同时,在农户房顶安装 2 个天津气象仪器厂生产的 SDM6 型雨量器,其中 1 个长期打开,用来测定降水量数据,另外 1 个用玻璃片覆盖,只在降水开始之前打开,仅用来收集大气湿沉降,大气干沉降即为大气干湿混合沉降与大气湿沉降之差。每月固定时间点

（每月 28 日）采集大气干湿混合沉降样品，若降水量较大加密采样频次，采集时先将样品倒入量筒后用纯水反复冲洗，并再次倒入量筒测定样品总体积（若无雨水则用纯水反复冲洗后测量），并将部分样品装入预先用稀 HCl 溶液浸泡并清洗干净的塑料采样瓶（80 mL），而且每次降水结束后，于次日上午记录降水量，然后采集混合均匀的雨水样品，同时将样品采集装置放入相应的支架上，然后将样品带回放置于冰柜或者冰箱中低温保存并尽快进行理化分析试验。

3.2.2　样品处理与分析

将收集到的大气沉降样品带回实验室测定其 TN（总氮）、DN（可溶性氮）、AN（氨氮）和 NN（硝态氮）浓度。理化分析前将沉降样品分成两部分，其中一部分样品采用 0.45 μm 的 Waterman 滤膜进行过滤，并采用靛酚蓝比色法测定 AN 浓度，采用紫外分光光度法测定 DN 浓度和 NN 浓度。原样品采用碱性过硫酸钾氧化 – 紫外分光光度计法测定 TN 浓度。颗粒态氮（PN）即为总氮与可溶性氮之差，即 PN = TN – DN，具体测定方法和步骤参见《土壤农业化学分析方法》（鲁如坤，2000）。

3.2.3　数据处理与分析

3.2.3.1　通量计算

本研究采用式（3-1）、式（3-2）分别计算大气氮沉降浓度和通量，大气氮湿沉降的月（季、年）均浓度是指每月（季、年）采集的降水样品中的氮浓度，用降水采集期内月（季、年）降水量进行加权平均来计算；大气湿沉降通量是月（季、年）降水量加权平均浓度与该月（季、年）降水总量乘积。采用式（3-3）计算大气氮干湿混合沉降通量，将各个月份的大气干湿混合沉降通量相加可得出季、年的大气氮干湿混合沉降通量。大气氮干沉降通量为大气氮干湿混合沉降通量与大气氮湿沉降通量之差，见式（3-4）。

$$\rho_s = \sum_{i=1}^{n} \rho_i \times H_i / \sum_{i=1}^{n} H_i \qquad (3\text{-}1)$$

$$氮湿沉降通量（kg/hm^2） = \sum_{i=1}^{n} \rho_i \times H_i / 100 \qquad (3\text{-}2)$$

$$氮干湿混合沉降量（kg/hm^2） = \frac{\sum_{j=1}^{m} \rho_j \times 10^{-6} \times V}{S_{Area}} \times 10^4 \qquad (3\text{-}3)$$

$$氮干沉降通量（kg/hm^2） = 氮干湿混合沉降量 - 氮湿沉降通量 \qquad (3\text{-}4)$$

式中：ρ_s 为氮湿沉降某形态氮的月（季、年）均浓度，mg/L；ρ_j 为第 j 次（一般每月 28 日采集干湿混合沉降样品，当降水量较大，混合沉降收集器中雨水较多时临时采集干湿混合沉降样品）采集的干湿混合沉降样品某形态氮的浓度，mg/L；ρ_i 为第 i 次降水中雨水某种形态氮浓度，mg/L；H_i 为第 i 次降水的降水量，mm；V 为收集样品的总体积，L；S_{Area} 为采样容器的横截面面积，m^2。

3.2.3.2　数据分析

本章数据分析与图表制作处理均由 Microsoft Excel 2010 和 Origin 13.0 实现。

3.3　结果与分析

3.3.1　研究区域降雨特征

图 3-1 中显示了研究区域老城镇小流域 2016～2018 年的降水量分布特征。结果表明,老城镇小流域 2016～2018 年的降水量分别为 624.2 mm、1 054.7 mm、780.8 mm,年均降水量为 819.9 mm,其中,2016 年和 2018 年降水量属于正常降水年份,2017 年降水量属于偏多年份。从降水量的月际动态变化过程来看,老城镇小流域全年降水量主要分布在 5～9 月,2016～2018 年 3 年间 5～9 月平均降水量为 299.32 mm,约占全年降水总量的 66.31%。

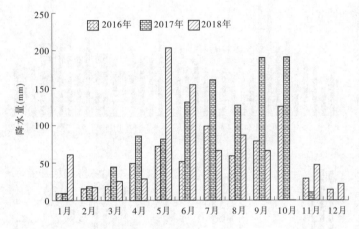

图 3-1　丹江口库区老城镇小流域 2016～2018 年降水量月变化过程特征

3.3.2　大气氮湿沉降特征及其影响因素

图 3-2 显示了老城镇小流域大气湿沉降不同形态氮浓度的月变化过程。总体来看,大气湿沉降不同形态氮浓度时间差异较大。其中,2016～2018 年 3 年 TN、AN、NN、DN 湿沉降月均浓度分别为 2.3～9.2 mg/L、0.56～2.68 mg/L、0.72～4.12 mg/L、1.92～6.72 mg/L,5～8 月 TN、NN、DN 月均浓度都较低,分别为 2.42～4.7 mg/L、0.72～2.00 mg/L、2.21～4.29 mg/L。6～8 月 AN 的浓度相对较高,3 年 AN 湿沉降月均浓度为 1.05～2.68 mg/L,这可能与研究区 6～8 月玉米、红薯等农作物追肥和气温较高有关。如刘杰云等(2013)和王焕晓等(2018)研究认为高温是氨气源强增加的重要影响因素,导致夏天大气中氨气含量较高,这与本章研究的结果具有较好的一致性。NN 的月均浓度为 0.72～4.12 mg/L,月均浓度相对较高,而且 NN 浓度变化幅度较大。大气 NN 的来源主要是化石燃料的燃烧与汽车尾气的排放(Streets et al.,2013),由于研究区居民以传统种植业为主要收入来源,工业化程度较低,化石燃料和汽车尾气排放等人为因素排放的 NO_x 较低,但是大气 NN 迁移距离较远,研究区域 NN 沉降浓度较高可能主要来自外部区域城市发展导致的化石燃料的燃烧与汽车尾气的排放等因素引起的。

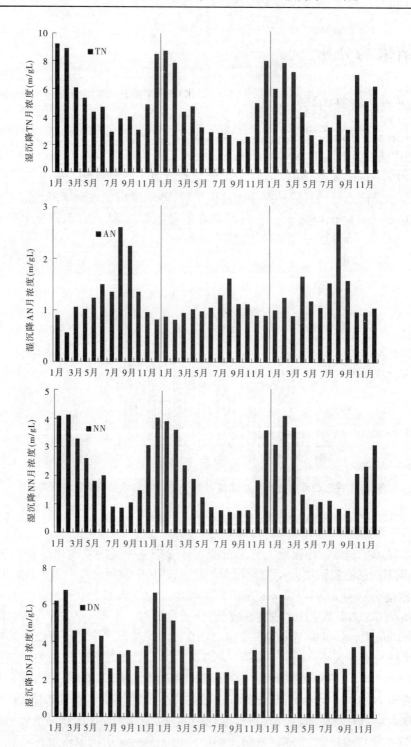

图 3-2　丹江口库区老城镇小流域大气湿沉降不同形态氮浓度的月变化过程(2016～2018 年)

　　图 3-3 显示了降水量与大气湿沉降中不同形态氮浓度的相关关系,结果表明大气湿沉降中不同形态氮浓度均随着降水量的增加而降低,呈现一定的负相关关系,其中 TN、

AN、NN、DN 与降水量之间关系的相关系数分别为 0.539 3、0.144 5、0.363 7 和0.368 8。TN、NN 和 DN 浓度与降水量相关系数较高表明雨水中 TN、NN 和 DN 的浓度受降水量影响最大,而且负相关关系也说明降水较为丰富时对大气中氮素具有较强的淋洗作用。而雨水中 AN 与降水量相关系数较低也表明雨水中 AN 浓度受降水量影响相对较小,受到其他随机因素的影响较为明显,如人为施肥的影响、不同季节气温差异等。

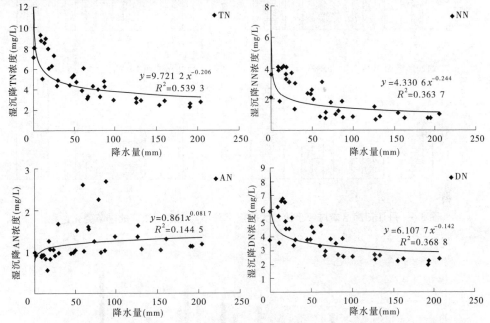

图 3-3　丹江口库区老城镇小流域降水量与大气湿沉降中不同形态氮浓度的相关关系

从季节性变化趋势看,TN、NN 和 DN 的浓度呈现春冬季较高、夏秋季较低的特点,而 AN 的浓度呈现春冬秋季较低、夏季较高的特点(见图 3-4)。大气湿沉降中 TN 季均浓度为:冬季(7.26 mg/L) > 春季(3.96 mg/L) > 夏季(3.10 mg/L) > 秋季(3.09 mg/L);AN 季均浓度为:夏季(1.51 mg/L) > 秋季(1.30 mg/L) > 春季(1.12 mg/L) > 冬季(0.95 mg/L);NN 季均浓度为:冬季(3.53 mg/L) > 春季(1.69 mg/L) > 秋季(1.14 mg/L) > 夏季(0.96 mg/L);DN 季均浓度为:冬季(5.44 mg/L) > 春季(3.34 mg/L) > 夏季(2.64 mg/L) > 秋季(2.60 mg/L);PN 季均浓度为:冬季(1.82 mg/L) > 春季(0.63 mg/L) > 秋季(0.49 mg/L) > 夏季(0.46 mg/L)。2016 ~ 1018 年大气湿沉降中 TN、AN、NN、DN、PN 的年均浓度分别为:3.6 0 mg/L、1.31 mg/L、1.37 mg/L、2.99 mg/L、0.61 mg/L。

图 3-5 显示了老城镇小流域不同形态氮素湿沉降通量的月变化过程,其中月 TN 湿沉降通量为 0.01 ~ 5.54 kg/hm²、月 AN 湿沉降通量为 0.001 ~ 2.40 kg/hm²、月 NN 湿沉降通量为 0.002 ~ 2.07 kg/hm²、月 DN 湿沉降通量为 0.004 ~ 4.92 kg/hm²、月 PN 湿沉降通量为 0.003 ~ 1.40 kg/hm²。总体上看,研究区域氮素湿沉降通量月变化特征明显,5 ~ 9 月研究区域氮湿沉降通量较高,其中 5 ~ 9 月 TN、AN、NN、DN、PN 湿沉降通量分别占全年沉降通量的 56.49%、72.04%、48.20%、58.17%、48.15%。

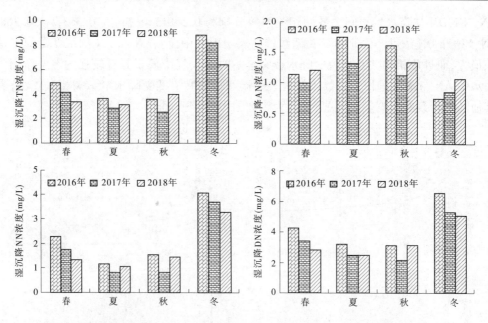

图 3-4　丹江口库区老城镇小流域大气湿沉降不同形态氮浓度的季节变化过程

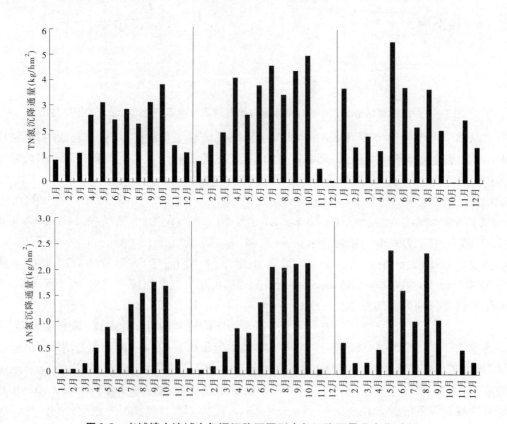

图 3-5　老城镇小流域大气湿沉降不同形态氮沉降通量月变化过程

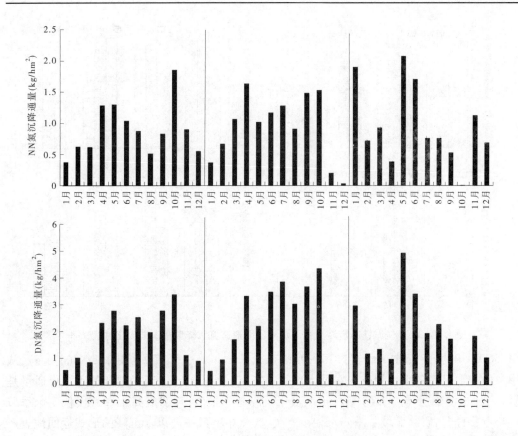

续图 3-5

图 3-6 显示了老城镇小流域 TN、AN、NN 和 DN 湿沉降通量季节变化特征。结果表明,老城镇小流域氮湿沉降通量呈现出明显的季节性变化特征。其中,2016 ~ 2018 年 3 年春季(3 ~ 5 月)、夏季(6 ~ 8)、秋季(9 ~ 11 月)、冬季(12 月至次年 2 月)TN 沉降通量均值分别为(8.09 ± 1.02)kg/hm² 、(9.68 ± 2.11)kg/hm² 、(7.62 ± 2.78)kg/hm² 和(4.08 ± 2.14)kg/hm² ;AN 沉降通量均值分别为(2.27 ± 0.77)kg/hm² 、(4.72 ± 0.95)kg/hm² 、(3.22 ± 1.50)kg/hm² 和(0.53 ± 0.47)kg/hm² ;NN 沉降通量均值分别为(3.44 ± 0.26)kg/hm² 、(3.01 ± 0.50)kg/hm² 、(2.82 ± 1.03)kg/hm² 和(1.98 ± 1.18)kg/hm² ;DN 沉降通量均值分别为(6.81 ± 0.74)kg/hm² 、(8.24 ± 1.87)kg/hm² 、(6.42 ± 2.54)kg/hm² 和(3.05 ± 1.87)kg/hm² 。可见老城镇小流域夏季 TN、AN、NN 和 DN 湿沉降通量最高,分别占全年 TN、AN、NN 和 DN 湿沉降总量的 32.85%、43.94%、26.74%、33.59%。

3.3.3 大气氮干沉降特征及其影响因素

图 3-7 显示了老城镇小流域大气氮干沉降的月变化过程。结果表明,流域大气氮干沉降月变化差异明显,2016 ~ 2018 年 TN、AN、NN 和 DN 月干沉降通量分别为 0.20 ~ 1.49 kg/hm² 、0.05 ~ 0.26 kg/hm² 、0.04 ~ 0.22 kg/hm² 、0.17 ~ 0.87 kg/hm² ,月均干沉降通量分别为 0.69 kg/hm² 、0.13 kg/hm² 、0.11 kg/hm² 、0.48 kg/hm² ,4 ~ 9 月的氮干沉降量相对较小。2016 ~ 2018 年 TN、AN、NN 和 DN 干沉降通量分别为(8.38 ± 0.54)kg/(hm² · a)、

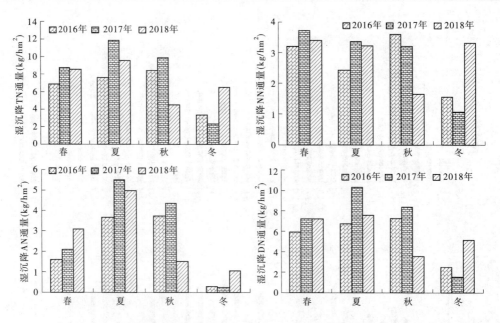

图 3-6　老城镇小流域大气湿沉降不同形态氮沉降通量季节变化过程

(1.56 ± 0.09) kg/$(hm^2 \cdot a)$、(1.26 ± 0.12) kg/$(hm^2 \cdot a)$、(5.77 ± 0.40) kg/$(hm^2 \cdot a)$，从季节分配上呈现冬季 > 秋季 > 春季 > 夏季的特点(见图 3-8)，其中冬季 TN 干沉降通量是夏季 TN 干沉降通量的 3.49 倍。流域氮干沉降冬季最高，且明显高于春、夏、秋 3 个季节的特点，可能与研究区域冬季降水较少有关，大气中的氮主要以干沉降的形式返回地表。

3.3.4　不同形态氮干湿沉降特征

　　表 3-1 显示了老城镇小流域不同形态氮干湿沉降特征。结果表明，2016～2018 年老城镇小流域年大气 TN 干湿混合沉降通量为 37.86 kg/$(hm^2 \cdot a)$，其中 TN 干、湿沉降通量分别为 8.38 kg/$(hm^2 \cdot a)$、29.47 kg/$(hm^2 \cdot a)$，分别占总沉降量的 22.2% 和 77.8%。可见，研究区域大气氮沉降以湿沉降为主。从月变化过程来看，干湿沉降 TN 沉降通量呈现此消彼长的变化趋势，春冬季干沉降通量较高、夏秋季湿沉降通量较高(见图 3-9)。此外，从季节变化过程看，老城镇小流域氮干湿混合沉降通量呈现较为明显的季节变化特征(见图 3-10)，其中 2016～2018 年 3 年 TN 干湿混合沉降总量呈现夏季(31.90 kg/hm^2) > 秋季(30.18 kg/hm^2) > 春季(29.24 kg/hm^2) > 冬季(22.24 kg/hm^2)的特点，AN 干湿混合沉降总量的季节变化最为显著，呈现夏季(14.86 kg/hm^2) > 秋季(10.96 kg/hm^2) > 春季(7.81 kg/hm^2) > 冬季(3.32 kg/hm^2)的特点。这与前人研究结果一致(王焕晓等，2018；宋蕾等，2018)，这主要是由于夏季气温较高，大量的氮素挥发到大气中，同时夏季作为作物生长季，农业生产活动强烈，施肥量较大，使得大气中氮素含量较高，研究区域冬季干燥少雨，且冬季为休耕期，人为农业生产活动强度较低，氮排放量水平总体偏低，导致空气中氮含量较低，大气氮沉降量水平较低。

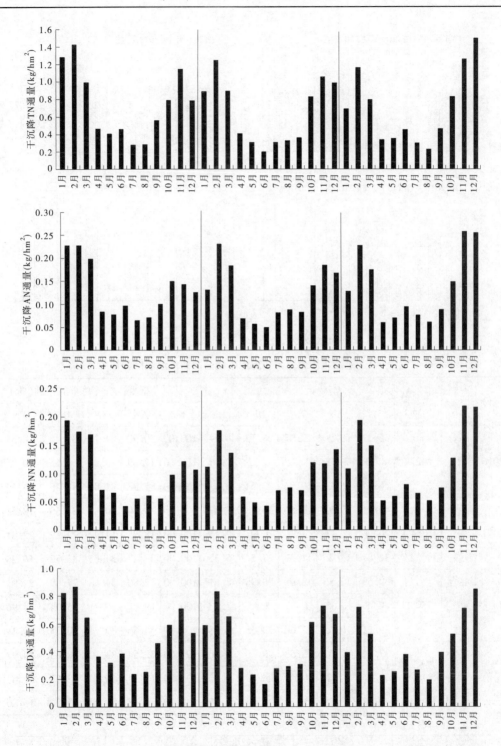

图 3-7 老城镇小流域大气氮干沉降的月变化过程

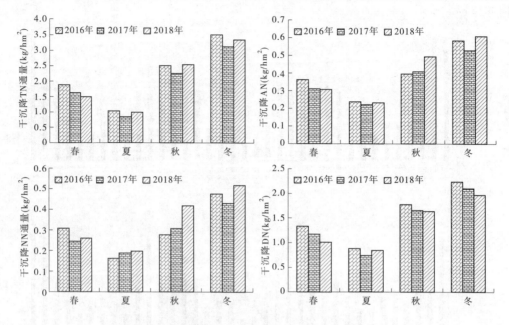

图 3-8　老城镇小流域大气氮干沉降的季节变化过程

表 3-1　老城镇小流域大气沉降不同形态氮干湿沉降特征

年份	沉降类型	降水量（mm）	沉降量（kg/hm²）					不同类型氮占沉降总量的比例（%）				
			TN	AN	NN	DN	PN	TN	AN	NN	DN	PN
2016	混合	642.4	35.27	10.90	12.03	28.73	6.54	100.00	30.90	34.11	81.46	18.54
	干		8.93	1.58	1.22	6.22	2.71	100.00	17.69	13.66	69.65	30.35
	湿		26.34	9.32	10.81	22.51	3.83	100.00	35.38	41.04	85.46	14.54
2017	混合	1 054.7	40.71	13.72	12.56	33.18	7.53	100.00	33.70	30.85	81.50	18.50
	干		7.84	1.47	1.17	5.66	2.18	100.00	18.75	14.92	72.19	27.81
	湿		32.87	12.25	11.39	27.52	5.35	100.00	37.27	34.65	83.72	16.28
2018	混合	780.8	37.59	12.33	13.00	28.98	8.61	100.00	32.80	34.58	77.09	22.91
	干		8.38	1.65	1.40	5.45	2.93	100.00	19.69	16.71	65.04	34.96
	湿		29.21	10.68	11.60	23.53	5.68	100.00	36.56	39.71	80.55	19.45
均值	混合	819.9	37.86	12.32	12.53	30.30	7.56	100.00	32.54	33.10	80.03	19.97
	干		8.38	1.57	1.26	5.78	2.60	100.00	18.74	15.04	68.97	31.03
	湿		29.48	10.75	11.27	24.52	4.95	100.00	36.48	38.24	83.20	16.80

　　研究结果还表明,2016~2018 年干湿混合沉降中,AN、NN、DN 和 PN 分别占 TN 沉降总量的32.54%、33.10%、80.03%和19.97%。干沉降中 AN、NN、DN 和 PN 分别占 TN 沉降总量的18.74%、15.04%、68.97%和31.03%,湿沉降中 AN、NN、DN 和 PN 分别占 TN 沉降总量的36.48%、38.24%、83.20%和16.80%。由此可见,干沉降中不同形态氮的沉

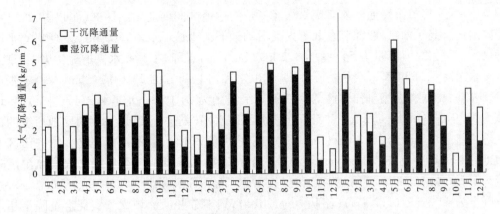

图 3-9　老城镇小流域大气氮干湿混合沉降通量月变化过程

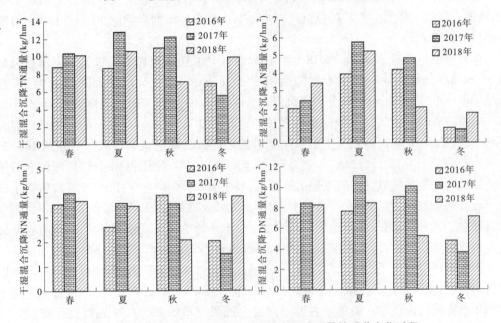

图 3-10　老城镇小流域大气氮干湿混合沉降通量的季节变化过程

降量大小顺序为 DN > PN > AN > NN,湿沉降中不同形态氮的沉降量大小顺序为 DN > NN > AN > PN。

3.4　讨　论

　　大气氮沉降是指大气中活性氮化合物通过湿沉降和干沉降的形式降落到陆地和水体的过程。氮湿沉降是通过降雨、雪、雾等方式向生态系统主要输入铵态氮、硝态氮等无机态氮和有机氮。氮干沉降是通过降尘和湍流方式输入活性氮,主要包括 NO_2、NH_3、HNO_3 及颗粒态 NH_4^+、NO_3^-(梁亚宇等,2018)。前人的多数研究结果表明无论是同一区域的不同生态系统、不同区域的相同生态系统,还是同一区域同一生态系统的不同时段,大气氮沉降量均存在较大差异(刘冬碧等,2015)。从全国范围看,华北平原是我国大气氮沉降的集中区,大气氮沉降通量从东南沿海经济较发达地区向西北内陆递减(张琪等,2017),内陆地区又高于西藏、西北和东北等人类活动较弱的地区。Luo 等(2013)发现华北平原地区大气氮素总沉降量为 54.4 ~ 103.2 kg/(hm² · a),反映了其高水平的氮污染;北京大气氮素沉降量为 32.5 kg/(hm² · a),高于山东和河北两省的 23.6 kg/(hm² · a)(张琪等,2017);山西省典型旱作农区的大气氮总沉降量为 24.05 ~ 60.26 kg/(hm² · a),平均值为 38.9 kg/(hm² · a),低于华北平原氮素沉降水平(刘平等,2017);四川盆地西缘的都江堰年氮湿沉降量为 36.2 kg/(hm² · a)(杨开军等,2018),新疆地区属乌鲁木齐市区及市郊的氮沉降量为 28.7 kg/(hm² · a)(张伟等,2011),东北兴安落叶松林大气氮湿沉降量为 19.16 kg/(hm² · a)(孙涛等,2014),雷州半岛湿沉降总量为 25.3 kg/(hm² · a),总沉降量为 42.9 kg/(hm² · a)(骆晓声等,2014),湖南金井河流域大气氮混合沉降量超过 26.0 kg/(hm² · a)(朱潇等,2018)。前人对我国大多数地区的大气氮沉降监测结果表明,我国大气氮沉降大多都超过氮沉降对水生态系统产生负面影响的 10 kg/(hm² · a)警戒线(Krupa,2003)。

本章研究结果显示 2016 ~ 2018 年丹江口库区老城镇小流域的大气氮干湿沉降总量为 37.86 kg/(hm² · a),其中干沉降通量为 8.38 kg/(hm² · a),湿沉降通量为 29.48 kg/(hm² · a),干沉降、湿沉降分别占沉降总量的 22.13%、77.87%。有研究认为,对于水体生态系统有利的大气氮沉降通量临界负荷为 5 ~ 10 kg/(hm² · a)(Krupa,2003),促进森林生态系统稳定和提高农田生态系统产量的大气氮沉降通量临界负荷分别为 10 ~ 20 kg/(hm² · a)、35 ~ 55 kg/(hm² · a)(宇万太等,2008)。本章研究发现丹江口库区老城镇小流域湿沉降是大气氮沉降的主要沉降方式,且主要集中在 5 ~ 9 月,与流域农作物生长具有较好的一致性,有利于农作物的生长,可见流域大气氮素输入可能会促进农田生态系统良性循环,但大气沉降通量也明显高于水生生态系统的氮沉降临界负荷,因此有必要关注与预防氮素输入给丹江口库区水生生态系统带来的负面影响。

大气氮沉降分为干沉降和湿沉降,本章研究及其他多数研究表明,我国大气氮沉降以湿沉降为主,湿沉降量约占沉降总量的 60% 以上(刘涛等,2012;张颖等,2006),如太湖水体每年由湿沉降途径带入的氮素占其干湿混合沉降总量的 79.5%。因此,雨、露、雾、雪等大气湿沉降是太湖水体氮素输入的主要途径(杨龙元等,2007)。因此,在降水量丰富、雨热同期且经济高度发达、人类活动频繁的入海口,大气氮干湿沉降对水体生态系统造成了严重影响。如张琪等(2017)对珠江三角洲地区大气氮沉降长期监测结果表明,森林生态系统湿沉降通量的观测值变化范围为 18 ~ 38 kg/(hm² · a);农田生态系统中湿沉降通量的变化范围为 6 ~ 78 kg/(hm² · a),混合沉降通量的变化范围为 15 ~ 133 kg/(hm² · a),干沉降通量为 54 ~ 83 kg/(hm² · a);而在城市生态系统中混合沉降通量可达 101 kg/(hm² · a),可见人类活动对大气氮沉降具有极大影响。大气沉降中湿沉降以硝态氮和铵态氮为主要成分,其中硝态氮主要来自化石燃料及生物体的燃烧、交通工具及火力发电供暖等设施排放的 NO_x;铵态氮则主要受农业活动的影响,主要来源于动物粪便和农业施肥所排放的 NH_3(陶亚南等,2016)。因此,AN/NN 在一定程度上可以反映大气氮素的来源,AN/NN > 1 表明区域大气氮素主要来源于农业活动,反之表明大气区域氮素主要来源于工业发展和交通工具排放等。近年来,随着我国产业结构调整以及城市发展带来的巨大能源消耗,

AN/NN 值近年来多呈下降趋势(张琪等,2017),这与本章研究结果一致。本章研究发现 2016～2018 年丹江口库区大气氮沉降中的 AN/NN 值为 0.98,表明农业生产活动和工业发展、交通运输的氮素排放是丹江口老城镇小流域大气氮沉降的主要来源。

本章研究中 5～9 月降水丰富的季节干沉降量较低,湿沉降量较高,降水较少的春冬季干沉降量较高、湿沉降量较低,干湿沉降量呈现此消彼长的变化状态,说明降水量的变化是改变干湿沉降大气氮沉降中的比例关系的主要因素,这与宋蕾等(2018)研究结果一致。此外,大气氮沉降中 PN 的比例也随着季节变化而变化,总体上为春冬季比例 > 夏秋季比例,与区域降水量呈现一定的负相关关系,说明区域降水对空气具有较好的淋洗作用。

大气氮沉降是氮素输入到陆地生态系统的重要方式,适量的氮沉降能够提高生态系统的养分供应,从植物营养学的角度看,大气氮沉降有利于植物生长,特别是可以补偿农田生态系统氮素损失,也是除人为施肥外的重要氮素来源。本章研究中,丹江口库区老城镇小流域年均大气氮沉降 TN 通量为 37.86 kg/hm²,相当于在农田中施用了 82.30 kg/hm² 尿素,因此在农田生态系统管理过程中要充分利用大气氮素对农田土壤的氮素补充作用,加强农田氮素管理,减少化肥施用量,提高化肥利用率。同时,研究结果表明,丹江口库区老城镇小流域大气湿沉降中 TN 月均浓度为 2.3～9.2 mg/L,已严重超过了《地表水环境质量标准》(GB 3838—2002)中工业区及人体非直接接触娱乐区用水标准值(1.5 mg/L)和集中式生活饮用水地表水源地二级保护区标准值(1.0 mg/L),大气沉降氮素输入已经超过了库区水体氮临界负荷,具有一定的环境风险。

丹江口水库作为我国最大的饮用水源保护区,其水质状况直接关乎下游及南水北调中线工程京津冀豫等受水区的用水安全。近年来,丹江口库区的工业污水、村镇生活污水排放以及农业非点源污染对库区水体水质影响和控制研究一直备受关注,而作为库区陆地及水生生态系统重要的氮素来源,大气氮沉降对库区生态系统的影响却关注甚少。因此,为了更好地保护丹江口水库的水质,大气氮沉降对丹江口库区水体氮素输入的贡献应该给予足够重视和研究,而且要从根本上控制丹江口库区水体富营养化问题,除加强工业废水、农村生活污水、家禽养殖废水、农业非点源污染等各种库区水体氮素来源的控制外,还要针对大气中氮素的来源,采取相应的措施,如加强农田氮素管理,减少化学氮肥用量,提高化肥和有机肥的利用效率,有效控制流域内畜禽养殖和农村生活源的氮素输出量,实现畜禽养殖废弃物资源化利用等措施降低空气中氮素含量,从而降低大气氮沉降对库区陆地和水生生态系统氮素的输入,从根本上解决库区水体富营养化问题(刘冬碧等,2015;王焕晓等,2018)。

3.5　主要结论

本研究在丹江口库区典型小流域——老城镇小流域设置大气氮沉降监测样点,于 2016～2018 年进行了为期 3 年的大气氮沉降野外监测实验,开展了丹江口库区大气氮沉降特征研究,得出以下结论:

(1)丹江口库区老城镇小流域 2016～2018 年 3 年大气 TN、AN、NN、DN 湿沉降月均浓度分别为 2.3 ~ 9.2 mg/L、0.56 ~ 2.68 mg/L、0.72 ~ 4.12 mg/L、1.92 ~ 6.72 mg/L。从季节性变化趋势看,TN、AN、NN 和 DN 的浓度呈现春冬季较高、夏秋季较低的特点,而 AN 的浓度却呈现春冬秋季较低、夏季较高的特点。大气湿沉降中 TN 季均浓度为:冬季(7.26 mg/L) > 春季(3.96 mg/L) > 夏季(3.10 mg/L) > 秋季(3.09 mg/L),AN 季均浓度为:夏季(1.51 mg/L) > 秋季(1.30 mg/L) > 春季(1.12 mg/L) > 冬季(0.95 mg/L),NN 季均浓度为:冬季(3.53 mg/L) > 春季(1.69 mg/L) > 秋季(1.14 mg/L) > 夏季(0.96 mg/L),DN 季均浓度为:冬季(5.44 mg/L) > 春季(3.34 mg/L) > 夏季(2.64 mg/L) > 秋季(2.60 mg/L),PN 季均浓度为:冬季(1.82 mg/L) > 春季(0.63 mg/L) > 秋季(0.49 mg/L) > 夏季(0.46 mg/L)。2016 ~ 2018 年大气湿沉降中 TN、AN、NN、DN、PN 的年均浓度分别为 3.60 mg/L、1.31 mg/L、1.37 mg/L、2.99 mg/L、0.61 mg/L。

(2)老城镇小流域氮湿沉降通量呈现出明显的季节性变化特征。其中,2016 ~ 2018 年 3 年春季、夏季、秋季、冬季 TN 沉降通量均值分别为(8.09 ± 1.02)kg/hm^2、(9.68 ± 2.11)kg/hm^2、(7.62 ± 2.78)kg/hm^2 和(4.08 ± 2.14)kg/hm^2,AN 沉降通量均值分别为(2.27 ± 0.77)kg/hm^2、(4.72 ± 0.95)kg/hm^2、(3.22 ± 1.50)kg/hm^2 和(0.53 ± 0.47)kg/hm^2,NN 沉降通量均值分别为(3.44 ± 0.26)kg/hm^2、(3.01 ± 0.50)kg/hm^2、(2.82 ± 1.03)kg/hm^2 和(1.98 ± 1.18)kg/hm^2,DN 沉降通量均值分别为(6.81 ± 0.74)kg/hm^2、(8.24 ± 1.87)kg/hm^2、(6.42 ± 2.54)kg/hm^2 和(3.05 ± 1.87)kg/hm^2。老城镇小流域夏季 TN、AN、NN 和 DN 湿沉降通量最高,分别占全年氮湿沉降总量的 32.85%、43.94%、26.74%、33.59%。

(3)2016 ~ 2018 年 TN、AN、NN 和 DN 干沉降通量分别为(8.38 ± 0.54)kg/(hm^2 · a)、(1.56 ± 0.09)kg/(hm^2 · a)、(1.26 ± 0.12)kg/(hm^2 · a)、(5.77 ± 0.40)kg/(hm^2 · a),从季节分配上呈现冬季 > 秋季 > 春季 > 夏季的特点,其中冬季 TN 干沉降通量是夏季 TN 干沉降通量的 3.49 倍。

(4)2016 ~ 2018 年老城镇小流域年大气 TN 干湿混合沉降量为 37.86 kg/hm^2,其中 TN 干、湿沉降量分别为 8.38 kg/(hm^2 · a)、29.48 kg/(hm^2 · a),分别占总沉降量的 22.13% 和 77.87%。从季节变化过程上看,老城镇小流域氮干湿混合沉降通量呈现明显的季节变化特征,夏季最高,春季、秋季次之,冬季最低。

(5)丹江口库区老城镇小流域年均大气氮沉降 TN 通量为 37.86 kg/(hm^2 · a),相当于在农田中施用了 82.30 kg/hm^2 尿素,表明该区域氮沉降水平存在一定的环境风险,而且降水中氮浓度较高,大气沉降氮素输入已经超过了库区水体氮临界负荷,库区应该加强流域氮素管理,降低大气氮沉降对库区陆地生态系统和水生生态系统氮素的输入,从根本上解决库区水体富营养化问题。

参考文献

[1] Holland E A, Dentener F J, Braswell B H, et al. Contemporary and pre-industrial global reactive nitrogen budgets[J]. Biogeochemistry, 1999, 46(1-3) :7-43.

[2] Krupa S V. Effects of atmospheric ammonia (NH$_3$) on terrestrial vegetation: a review[J]. Environmental

Pollution,2003,124(2):179-221.

［3］ Liu X J,Zhang Y,Han W X,et al. Enhanced nitrogen deposition over China［J］. Nature,2013,494 (7438): 459-463.

［4］ Luo X S,Liu P,Tang A H,et al. An evaluation of atmospheric Nr pollution and deposition in North China after the Beijing Olympics［J］. Atmospheric Environment,2013,74:209-216.

［5］ Schulte-Uebbing L,de Vries W. Global-scale impacts of nitrogen deposition on tree carbon sequestration in tropical,temperate,and boreal forests: A meta-analysis［J］. Global Change Biology,2018,24(2):e416-e431.

［6］ Streets D G,Bond T C,Carmichael G R,et al. An inventory of gaseous and primary aerosol emissions in Asia in the year 2000［J］. Journal of Geophysical Research,2013,108 (D21):8809.

［7］ Tonitto C,Goodale C L,WEISS M S,et al. The effect of nitrogen addition on soil organic matter dynamics: a model analysis of the harvard forest chronic nitrogen amendment study and soil carbon response to anthropogenic N deposition［J］. Biogeochemistry,2014,117(2): 431-454.

［8］ 贾海燕,徐建锋,李海燕,等. 农业小流域土地利用格局变化对氮素输出的影响—以丹江口库区胡家山小流域为例［J］. 人民长江,2019,50(2):24-29,34.

［9］ 李莉,潘坤,丁宗庆. 南水北调丹江口库区水源地面源污染状况分析［J］. 资源节约与环保,2014,11:149-150.

［10］ 梁亚宇,李丽君,刘平,等. 大气氮沉降监测方法及中国不同地理分区氮沉降研究进展［J］. 山西农业科学,2018,46(10):1751-1755.

［11］ 刘超明,万献军,曾伟坤,等. 洞庭湖大气氮湿沉降的时空变异［J］. 环境科学学报,2018,38(3):1137-1146.

［12］ 刘崇群,曹淑卿,陈国安. 我国南亚热带闽、滇地区降雨中养分含量的研究［J］. 土壤学报,1984,21(4):438-442.

［13］ 刘杰云,况福虹,唐傲寒,等. 不同排放源周边大气环境中 NH_3 浓度动态［J］. 生态学报,2013,33(23):7537-7544.

［14］ 刘平,刘学军,刘恩科,等. 山西省太原市旱作农区大气活性氮干湿沉降年度变化特征［J］. 中国生态农业学报,2017,25(5):625-633.

［15］ 刘平,刘学军,骆晓声,等. 山西北部农村区域大气活性氮沉降特征［J］. 生态学报,2016,36(17):5353-5359.

［16］ 刘涛,杨柳燕,胡志新,等. 太湖氮磷大气干湿沉降时空特征［J］. 环境监测管理与技术,2012,24(6):20-24,42.

［17］ 刘冬碧,张小勇,巴瑞先,等. 鄂西北丹江口库区大气氮沉降研究［J］. 生态学报,2015,35(10):1-12.

［18］ 鲁如坤. 土壤农业化学分析方法［M］. 北京:中国农业科技出版社,2000.

［19］ 鲁如坤,史陶钧. 金华地区降雨中养分含量的初步研究［J］. 土壤学报,1979,16(1):81-84.

［20］ 骆晓声,石伟琦,鲁丽,等. 我国雷州半岛典型农田大气氮沉降［J］. 生态学报,2014,34(19):5541-5548.

［21］ 马明真,高扬,郝卓. 亚热带典型流域 C、N 沉降季节变化特征及其耦合输出过程［J］. 生态学报,2019,39(2):599-610.

［22］ 莫凌梓,彭彬,王嘉珊,等. 氮沉降对城市绿地植物及土壤养分的影响初探—以果岭草(Cynodon dactylon)为例［J］. 生态环境学报,2018,27(3):459-468.

［23］ 宋蕾,田鹏,张金波,等. 黑龙江凉水国家级自然保护区大气氮沉降特征［J］. 环境科学,2018,

39(10):4490-4496.

[24] 谭香,夏小铃,程晓莉,等. 丹江口水库浮游植物群落时空动态及其多样性指数[J]. 环境科学, 2011,32(10):2875-2882.

[25] 陶亚南,李永庆. 浅析大气氮沉降的基本特征与监测方法[J]. 资源节约与环保,2016,7:107.

[26] 王国重,李中原,屈建钢,等. 丹江口水库两个小流域农田养分流失特征比较[J]. 中国农学通报, 2017,33(8):99-103.

[27] 王焕晓,庞树江,王晓燕,等. 小流域大气氮干湿沉降特征[J]. 环境科学,2018,39(12):5365-5374.

[28] 杨涵越,张婷,黄永梅,等. 模拟氮沉降对内蒙古克氏针茅草原 N_2O 排放的影响[J]. 环境科学, 2016,37(5):1900-1907.

[29] 杨开军,杨万勤,庄丽燕,等. 四川盆地西缘都江堰大气氮素湿沉降特征[J]. 应用与环境生物学报,2018,24(1):107-111.

[30] 杨龙元,秦伯强,胡维平,等. 太湖大气氮、磷营养元素干湿沉降率研究[J]. 海洋与湖沼,2007, 38(2):104-110.

[31] 宇万太,马强,张璐,等. 下辽河平原降雨中氮素的动态变化[J]. 生态学杂志,2008,27(1):33-37.

[32] 张琪,常鸣,王雪梅. 我国氮沉降观测方法进展及其在珠三角的应用[J]. 中国环境科学,2017, 37(12):4401-4416.

[33] 张伟,刘学军,胡玉昆,等. 乌鲁木齐市区大气氮素干沉降的输入性分析[J]. 干旱区研究,2011, 28(4):710-716.

[34] 张颖,刘学军,张福锁,等. 华北平原大气氮素沉降的时空变异[J]. 生态学报,2006,26(6):1633-1639.

[35] 郑丹楠,王雪松,谢绍东,等. 2010 年中国大气氮沉降特征分析[J]. 中国环境科学,2014,34(5): 1089-1097.

[36] 周双军. 中国大气氮湿沉降环境效应研究进展[C]//2015 年中国环境科学学会学术年会论文集 (第二卷). 北京:中国环境科学出版社,2015:8.

[37] 周薇,王兵,李钢铁. 大气氮沉降对森林生态系统影响的研究进展[J]. 中央民族大学学报(自然科学版),2010,19(1):34-40.

[38] 朱滔,王杰飞,沈健林,等. 亚热带农田和林地大气氮湿沉降与混合沉降比较[J]. 环境科学, 2018,39(6):1-11.

第 4 章　丹江口库区小流域不同土地利用方式土壤氮素空间分异与储量特征

4.1　引　言

作为控制植物生长的主要养分元素之一,土壤氮对农业可持续发展和环境问题有重要影响。农业生态系统中,土壤氮的含量和储量体现着土壤肥力的高低和土壤质量的好坏(Al-kaisi et al,2005)。然而,"过剩"的土壤氮则是地表水和地下水污染的重要"源"(Tilman et al.,2002)。因此,掌握不同土地利用方式条件下土壤氮含量及储量状况是农业可持续发展以及精准农业发展的基础,也是流域水环境管理与非点源氮污染治理的关键(李启权等,2010;杨小林等,2013)。

作为土壤系统的动态组成部分,土壤氮含量的空间分布受气候、成土母质、土地利用类型等多种因素的影响,具有很强的时间和空间变异性(Wang et al.,2009a)。其中,土地利用方式不同,土壤有机物输入(Yu et al.,2014),冠层结构(Finzi et al.,1998),土壤物理、化学性质(Six et al.,2014;Sakin,2014),人为影响(Gelaw et al.,2014)显著不同,对土壤碳、氮、磷等养分含量的空间分布影响最为显著。土地利用方式的差异是导致土壤氮素空间变异的最重要因素之一(Pan et al.,2008),如农田土壤因受人为扰动大,土壤全氮不断以无机氮形式释放,土壤全氮含量往往较低,而林地、灌丛、草地等受人为因素影响较小,有利于土壤有机质的累积,因此土壤全氮含量较高,且多高于农田土壤(董云中等,2014;Schroth et al.,2002;曹静娟等,2011)。由于人为施肥的影响,耕地土壤硝态氮含量往往高于林地和草地(陈志超等,2014;孔庆波等,2009)。随着地统计学在土壤科学方面的应用,单一土地利用类型条件下,如湿地(Grunwald et al.,2007)、林地(Monokrousos et al.,2004)、草地(Shorten et al.,2007)及农田生态系统(Huang et al.,2007)等土壤氮的空间变异特征已有很多有价值的研究,而由于土壤样品采集和分析费时、费力,绝大多数土壤氮空间变异特征研究主要集中在较小空间范围,如地块、实验小区等(Parker et al.,2011),对流域尺度不同土地利用类型条件下土壤氮的空间变化特征的研究较少(Wang et al.,2009a)。

土壤中氮储量的高低直接反映了土壤养分状况的好坏,而土壤氮储量的空间变异又受到土壤氮含量和土壤深度的深刻影响(Ellert et al.,1996;郭焱培等,2017),土壤氮含量的空间变异和不同土地利用方式条件下土壤深度的差异又导致流域土壤氮储量呈现很强的空间变异性(李义玲等,2018)。目前,对于土壤养分特征的研究,对象多集中于林地、草地、灌丛、湿地、耕地等,研究内容多集中在表层土壤养分含量的空间变异特征、影响因素、驱动力以及单一土地利用方式下土壤养分储量,特别是林地、旱地和湿地生态系统土壤养分储量(郭焱培等,2017;Yu et al.,2014;Finzi et al.,1998;曹静娟等,2011;陈志超等,2014;孔庆波等,2009),缺少相同区域背景条件下,流域不同土地利用方式条件下土壤养分含量特征与储量的对比研究。

南水北调中线工程是我国重大的跨流域调水工程,是我国为缓解华北地区缺水而建设的大型工程,它的兴建对于缓解京津冀地区水资源短缺问题具有举足轻重的作用。作为南水北调中线工程水源地的丹江口水库,其水质的好坏直接关系到南水北调中线工程的成败(章影等,2017)。作为丹江口水库水环境的重要影响区,库区小流域强烈的农业活动以及严重的水土流失导致土壤养分流失逐年增加,造成区域内流域水体环境恶化严重,也给丹江口水库水环境安全造成巨大压力。近年来,丹江口库区实施天然林保护,退耕还林、还草等政策,部分地区植被覆盖度增加,但又因城市扩张,部分植被覆盖度减少,这些土地利用结构的调整,改变了局部微环境,干扰了库区的自然土壤侵蚀循环过程,影响了生态系统的安全。然而,现鲜有研究指明了丹江口库区小流域不同土地利用方式土壤氮养分含量分布及其储量特征,也难以为流域土地资源、土壤养分资源的优化管理以及流域土壤氮流失控制提供依据。在库区工业污染不断得到控制的前提下,流域随着降雨径流泥沙转移迁移的氮营养物和污染物对库区水质造成了很大的影响,因而要从根本上保证南水北调水质安全,须开展库区不同土地利用方式条件下土壤氮含量和储量研究,才能更加合理地配置土地利用,从而减少丹江口库区小流域的土壤氮流失和迁移,保障库区水体水质。

流域综合管理被认为是解决流域环境问题的最佳途径,而了解流域尺度土壤氮的空间变化特征对实现流域综合管理具有重要作用(Lamsal et al. ,2009)。因此,本章以丹江口库区典型小流域为研究对象,期望阐明该区域小流域不同土地利用类型条件下土壤氮含量空间分布特征与储量水平,为库区流域土壤养分资源管理、氮流失风险评估和氮污染控制提供参考。本章研究的目标包括:

(1)了解丹江口库区典型小流域不同土地利用方式条件下土壤氮的空间变化特征的差异性。

(2)了解丹江口库区典型小流域不同土地利用方式条件下土壤氮垂直分布规律的差异性。

(3)了解丹江口库区典型小流域不同土地利用方式条件下土壤氮储量特征的差异性。

4.2　研究方法

4.2.1　研究区概况

选择丹江口库区淅川县老城镇小流域(111°21′5.57″E ~ 111°25′20.45″E,33°0′54.90″N~33°4′50.54″N)为研究区域,流域内地貌类型以丘陵、岗地为主,有少量的低山,小流域的土地利用类型以耕地和林地为主,余下为农村村落、道路等类型。流域土壤类型主要有石灰土、黄棕壤,土层较薄,水土流失十分严重;植被以针阔叶混交林、人工柏木林为主,农作物以玉米、油菜、小麦、花生、红薯为主。整个流域有机质及氮素含量较低,施肥仍是该区保持和提高农作物产量的重要措施,耕地化肥年平均施用折纯量约为 650 kg/hm²,其中氮肥主要为碳酸氢铵,磷肥主要为过磷酸钙。老城镇海拔为 155~560 m (见图 4-1),总面积为 6.90 km²,其中柏木林占 23.34%,菜地占 0.28%,道路占 1.34%,灌草丛占 16.89%,旱地占 23.69%,河流占 0.82%,居民点占 2.20%,针阔混交林占 31.46%(见表 4-1、图 4-2)。流域土地利用类型分布与地形密切相关,耕地主要分布于流域低洼处与丘陵的中部,且以坡耕地和梯地为主,而林地主要分布于丘陵的中上部。

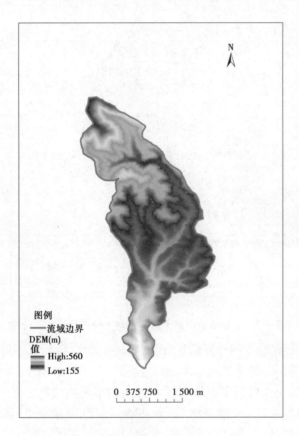

图 4-1　老城镇小流域地形特征

表 4-1　老城镇小流域土地利用基本情况

类型	柏木林	菜地	道路	灌草丛	旱地	河流	居民点	针阔混交林	总面积
面积(km²)	1.609	0.020	0.092	1.164	1.633	0.062	0.151	2.169	6.90
占比(%)	23.32	0.29	1.33	16.87	23.67	0.90	2.19	31.43	100.00

4.2.2　样品采集与分析

　　为减少施肥对研究结果的干扰,故在冬季作物收获季采集土壤样品。本书研究将从流域表层土壤氮素空间分异以及土壤氮素垂直分布特征两个方面研究库区小流域不同土

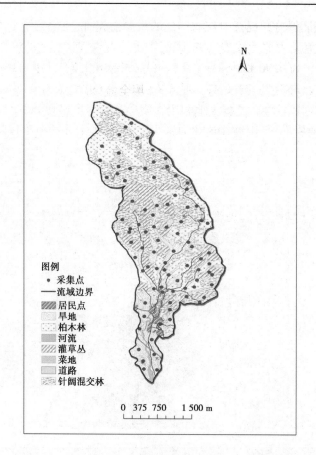

图4-2　老城镇小流域土地利用与土壤样品采集点分布

地利用方式条件下氮素的空间分异特征,因此野外土壤样品采集过程中采样点设计包括以下两种类型:

(1)通过老城镇小流域数字化地形图和土地利用图随机确定87个采样点(其中,针阔混交林15个、柏木林10个、灌草丛10个、旱地42个、菜地5个、居民点5个),采集表层土壤(0~10 cm)样品。

(2)根据流域土地利用变化在确定的87个样点(见图4-2)中随机选择45个样点采用土壤剖面法采集95个土壤分层样品,其中柏木林地10个样点、灌草丛5个样点、针阔混交林5个样点、旱地15个样点、菜地5个样点、居民点5个样点。

由于库区小流域土壤"浅薄化"特征明显(李学敏等,2018),柏木林、灌草丛土壤深度多在10 cm以内,针阔混交林土壤深度多在30 cm之内,而耕地土层深度多在50 cm左右,因此耕地土壤剖面深度确定为50 cm,针阔混交林土壤样品深度确定为30 cm,柏木林主要采集0~10 cm表层土壤,按照土壤深度分3层(0~10 cm、10~30 cm、30~50 cm)分层取样,其中耕地分3层取样,针阔混交林和居民点分2层取样,柏木林和灌草丛只取0~10 cm表层样品。

采集表层土壤样品时,在样点周边按"蛇形"法采集5个表层土壤(0~10 cm)样品,然后将其装入自封袋合为1个混合样品。采集土壤分层样品时,采用环刀法测定土壤容重,同时在土壤剖面周边随机选择3个采样点,用土钻分层取样,并将每层土样混合后装入自封袋。将土壤样品带回实验室后分成2份:1份捡去石块、残根等杂物,自然风干后过筛(0.149 mm),用于测定土壤全氮含量;1份鲜样冰冻保存,用于测定土壤硝态氮和土壤铵态氮,测定前解冻过筛(2 mm)。其中,土壤全氮(STN)采用 Vario MAX CN 凯氏定氮仪(Elementar,Germany)测定;铵态氮(AN)采用靛酚蓝比色法测定;硝态氮(NN)采用AA3 流动分析仪(BRAN + LUEBBE,Germany)测定。具体测定方法和步骤参照《土壤农业化学分析方法》(鲁如坤,2000)。

4.2.3　数据处理与分析

4.2.3.1　不同土地利用方式表层土壤氮素空间变异特征分析方法

采用 SPSS 13.0 分析土壤氮数据的均值(Mean)、标准差(S. D.)、最大值(Max)、最小值(Min)和变异系数(C. V.),并利用非参数检验(K - S 检验)对土壤氮含量数据进行正态分布检验,利用单因素方差分析检验不同土地利用类型之间土壤全氮、铵态氮和硝态氮的差异性。此外,由于传统统计方法对土壤特性空间变异的研究基本是整个研究区域的定性描述而不能反映其局部变化,多数情况下难以具体描述土壤特性的空间分布,因此本章还结合地统计学方法分析流域土壤氮的空间变异。利用 GS + 7.0 对采样点的氮数据进行半方差分析,采用不同类型的半方差模型进行拟合,根据残差值(RSS)的大小选取最合适的拟合模型。根据半变异函数相关分析结果,利用 ArcGIS 10.3 地统计分析拓展模块实现克里格空间插值。

4.2.3.2　不同土地利用方式土壤氮素垂直分布特征及储量分析方法

基于土壤全氮、铵态氮和硝态氮含量及土壤容重计算每一个样点的土壤氮储量。其中,某一土层 i 和一定土层深度的土壤氮储量分别采用式(4-1)和式(4-2)计算:

$$ST_i = EC_i \times B_i \times D_i \times 10 \tag{4-1}$$

$$ST_s = \sum_i^m EC_i \times B_i \times D_i \times 10 \tag{4-2}$$

式中:ST_i、ST_s 分别为某一土层和一定土层深度的土壤氮储量;m 为土层数;EC_i 为土层 i 中氮含量,$g \cdot kg$;B_i 为土层 i 中土壤容重,g/cm^3;D_i 为土层 i 的厚度,m。

采用 Microsoft Excel 2010 软件进行实验数据统计分析。采用 SPSS 13.0 软件进行方差分析和差异显著性检验,分析研究不同土地利用类型、不同土层深度对土壤氮含量与储量的影响,并在差异显著时进行多重比较($P < 0.05$,LSD,t 检验)。

4.3　结果与分析

4.3.1　不同土地利用方式表层土壤氮素空间变异特征

单一样本 K - S 检验表明,研究区内土壤全氮、铵态氮和硝态氮含量均呈正态或对数正态分布。各土地利用类型土壤全氮含量的均值为 0.939 ~ 1.204 9 g/kg(见表4-1),且呈以下顺序:针阔混交林(1.204 9 g/kg) > 居民点(1.195 2 g/kg) > 柏木林(1.053 g/kg) > 灌草丛(1.037 8 g/kg) > 菜地(0.959 6 g/kg) > 旱地(0.939 0 g/kg);单因素方差分析表明不同土地利用类型之间土壤全氮含量差异显著($n = 87$, $F = 12.019$ 6, $P = 0.000 < 0.05$)(见表4-1)。表4-2显示了不同土地利用类型条件下土壤硝态氮含量特征,单因素方差分析结果显示土地利用类型对土壤硝态氮含量具有显著影响($n = 87$, $F = 9.612$, $P = 0.000 < 0.05$),其中旱地、菜地、针阔混交林、柏木林、居民点和灌草丛的硝态氮含量分别为18.22 mg/kg、32.08 mg/kg、18.25 mg/kg、4.21 mg/kg、23.89 mg/kg 和 3.36 mg/kg。表4-3显示了不同土地利用类型条件下土壤铵态氮含量特征,单因素方差分析结果显示土地利用类型对土壤铵态氮含量具有显著影响($n = 87$, $F = 8.861$, $P = 0.000 < 0.05$),其中,旱地、菜地、针阔混交林、柏木林、居民点和灌草丛的铵态氮含量分别为 3.22 mg/kg、4.16 mg/kg、4.69 mg/kg、12.54 mg/kg 、8.00 mg/kg 和 11.96 mg/kg。

表4-2 流域不同土地利用类型条件下土壤全氮基本统计信息

土地利用类型	样本	Mean (g/kg)	标准差 S.D.	变异系数 C.V.(%)	Min (g/kg)	Max (g/kg)	K-S	分布类型
旱地	42	0.939 0a	0.038 9	4.14	0.857	1.02	0.750	正态分布
菜地	5	0.959 6a	0.019 3	2.01	0.94	0.98	0.389	正态分布
针阔混交林	15	1.204 9c	0.197 4	16.38	0.936	1.552 0	0.683	正态分布
柏木林	10	1.053b	0.088 0	8.36	0.976 5	1.273 0	0.898	正态分布
居民点	5	1.195 2c	0.245 9	20.57	0.94	1.55	0.455	正态分布
灌草丛	10	1.037 8b	0.112 0	10.79	0.90	1.29	0.755	正态分布
整个流域	87	1.015 5	0.138 9	13.68	0.86	1.55	2.558	对数正态

注:数值后字母表示进行 LSD 多重比较时在 $P < 0.05$ 的水平上的差异显著性,同一组中不同字母表示差异显著。

表4-3 流域不同土地利用类型条件下土壤硝态氮基本统计信息

土地利用类型	样本	Mean (mg/kg)	标准差 S.D.	变异系数 C.V.(%)	Min (mg/kg)	Max (mg/kg)	K-S	分布类型
旱地	42	18.22b	13.35	73.25	1.96	67.99	1.143	正态分布
菜地	5	32.08c	4.32	13.48	25.23	35.24	0.699	正态分布
针阔混交林	15	18.25b	7.02	38.45	8.59	29.35	0.517	正态分布
柏木林	10	4.21a	1.57	37.32	2.69	8.19	0.807	正态分布
居民点	5	23.89bc	5.28	22.12	17.87	29.35	0.499	正态分布
灌草丛	10	3.36a	1.24	36.85	2.08	5.68	0.752	正态分布
整个流域	87	16.029 7	12.34	76.97	1.96	67.99	1.185	正态分布

注:数值后字母表示进行 LSD 多重比较时在 $P < 0.05$ 的水平上的差异显著性,同一组中不同字母表示差异显著。

表 4-4　流域不同土地利用类型条件下土壤铵态氮基本统计信息

土地利用类型	样本	*Mean*（mg/kg）	标准差 *S. D.*	变异系数 *C. V.*（%）	*Min*（mg/kg）	*Max*（mg/kg）	K – S	分布类型
旱地	42	3. 22a	4. 44	137. 92	0. 31	22. 71	1. 945	对数正态
菜地	5	4. 16a	2. 74	65. 90	1. 43	8. 76	0. 774	正态分布
针阔混交林	15	4. 69a	6. 81	145. 41	0. 61	28. 00	1. 238	正态分布
柏木林	10	12. 54b	2. 29	18. 23	10. 00	16. 73	0. 524	正态分布
居民点	5	8. 00ab	11. 31	141. 41	1. 27	28. 00	0. 847	正态分布
灌草丛	10	11. 96b	3. 24	27. 09	8. 76	19. 04	0. 697	正态分布
整个流域	87	5. 88	6. 20	105. 49	0. 31	28. 00	2. 254	对数正态

注：数值后字母表示进行 LSD 多重比较时在 $P < 0.05$ 的水平上的差异显著性，同一组中不同字母表示差异显著。

4.3.2　地统计学分析

表 4-5 显示了流域不同土壤氮素养分含量的空间相关性参数和最优拟合模型。块金值与基台值的比值常被作为评判系统变量空间相关性程度的标准（Wang et al. ,2009b），若比值小于 25%，说明系统具有强烈的空间相关性；比值为 25% ~ 75% 则表明系统具有中等空间相关性；比值大于 75% 说明系统空间相关性很弱（Cambarbella et al. ,1994）。土壤质地、土壤类型、成土过程、矿化过程等内部因素使得土壤特性的空间相关性增强，而施肥、耕作措施、种植制度等外部因素使得土壤特性的空间相关性趋弱（Wang et al. ,2009b）。本章研究中，土壤铵态氮和土壤硝态氮的块金值与基台值的比值均大于 75%，说明流域土壤铵态氮和土壤硝态氮空间相关性较弱，外部因素影响较大。而流域土壤全氮的块金值与基台值比值为 48.7%，表明了在内部因素和外部因素的共同作用下土壤全氮的空间分布具有中等空间相关性，这主要是由于受到土壤全氮来源影响，特别是林地受到外部因素影响较小，而成土过程、矿化过程等内部因素作用影响大。

表 4-5　流域不同土壤氮素养分地统计学分析基本信息

养分类型	理论模型	块金值 C_0（%）	基台值 $C + C_0$（%）	块金值/基台值（%）	变程 Range(m)	残差平方和 *RSS*
TN	指数	5. 60	11. 5	48. 70	86	0. 000 2
AN	指数	3. 65	4. 7	77. 66	163	0. 000 9
NN	高斯	5. 45	7. 0	77. 85	189	0. 000 6

对于不同土壤氮素养分，变程大小呈以下顺序：土壤硝态氮 > 土壤铵态氮 > 土壤全氮，其中土壤全氮的变程范围最小，为 86 m（见表 4-5）。变程范围大小决定了野外采样密度，变程越大，采样密度越小；相反则越密（郝芳华等，2008）。因此，土壤全氮较小的变程值则表明若要更加准确体现流域土壤全氮的空间分布特征，应加大采样密度。

　　为直观反映研究区土壤氮的空间分布格局,采用基于地统计分析结果和克里格的最优内插法,对土壤全氮、硝态氮和铵态氮含量进行空间插值,生成小流域土壤氮素空间分布图。结果显示,流域土壤全氮空间分布呈现南低北高的特点(见图4-3),其中土壤全氮高值区主要位于流域中北部的海拔较高的针阔混交林、柏木林和荒草林等区域,而流域中南部区域多以人类活动影响强烈的耕地为主,土壤全氮含量相对较低。

　　老城镇小流域土壤铵态氮空间分布与土壤全氮空间分布状况具有相似的特点,土壤铵态氮高值区也主要位于流域中部和北部区域,低值区主要位于流域南部以耕地为主的区域,但是流域北部区域也出现一片土壤铵态氮低值区,这部分区域以针阔混交林为主,可见,流域土壤铵态氮高值区主要位于柏木林和灌草丛区域(见图4-4)。

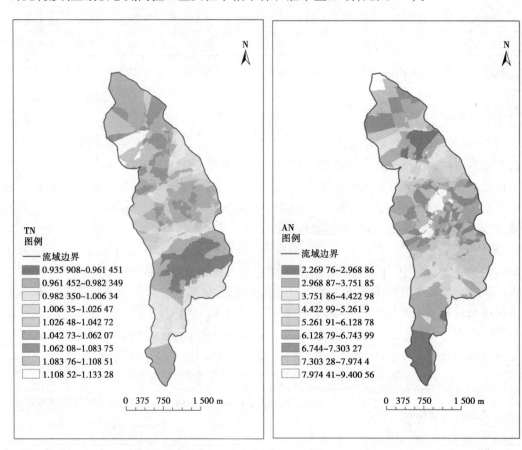

　　　　图4-3　流域土壤全氮含量空间分布　　　　　图4-4　流域土壤铵态氮含量空间分布

　　图4-5显示了老城镇小流域土壤硝态氮含量的空间分布特征,结果表明流域土壤硝态氮含量的空间分布状况较土壤全氮、土壤铵态氮的空间分布变异状况更加复杂。流域土壤硝态氮高值区主要位于流域中北部的针阔混交林区域和流域南部的耕地区域,而流域柏木林和灌草丛区域的土壤硝态氮含量普遍偏低。

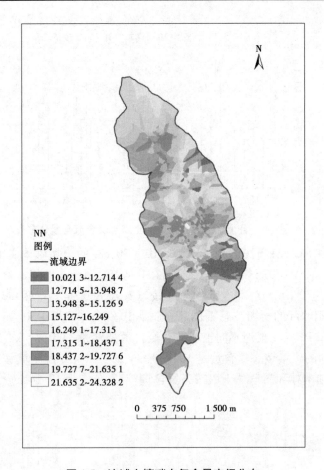

图4-5　流域土壤硝态氮含量空间分布

4.3.3　不同土地利用方式土壤氮含量垂直分布特征

图4-6～图4-8显示了老城镇小流域不同的土地利用方式下土壤全氮、铵态氮、硝态氮含量随土壤深度增加的变化特征。结果显示,随着土壤深度的增加,土壤全氮、土壤铵态氮和土壤硝态氮含量均呈不断降低的趋势,呈现出"表层土壤养分含量较高、深层土壤养分含量较低"的特点,其中土壤铵态氮和土壤硝态氮含量随着土壤深度增加明显下降,呈现出明显的"表聚性"特征。

如图4-6所示,老城镇小流域旱地和菜地0～10 cm、10～30 cm、30～50 cm的土壤全氮含量分别是0.951 1 g/kg、0.943 9 g/kg、0.938 6 g/kg和0.979 g/kg、0.96 g/kg、0.937 5 g/kg。由于针阔混交林林地土壤深度较浅,0～10 cm、10～30 cm的土壤全氮含量为1.102 5 g/kg、1.059 5 g/kg,居民点0～10 cm、10～30 cm的土壤全氮含量为0.985 g/kg、0.943 g/kg。由于柏木林和灌草丛的土壤深度非常浅薄,多在10 cm以下,且柏木林和灌草丛的土壤全氮含量为1.037 8 g/kg、1.053 2 g/kg。

土壤铵态氮随土壤深度的变化趋势与土壤全氮含量分布特征类似(见图4-7),且变化程度要明显强于土壤全氮含量的变化特征。其中,针阔混交林0～10 cm的土壤铵态氮含量是10～30 cm铵态氮含量的1.81倍,0～10 cm、10～30 cm的土壤铵态氮含量分别为

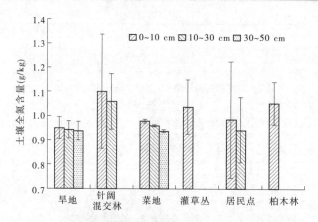

图 4-6　各土地利用方式不同土层土壤全氮含量分布

4.25 mg/kg、2.34 mg/kg；居民点 0~10 cm、10~30 cm 的土壤铵态氮含量分别为 1.27 mg/kg、0.61 mg/kg，0~10 cm 的土壤铵态氮含量是 10~30 cm 铵态氮含量的 2.08 倍。旱地 0~10 cm、10~30 cm、30~50 cm 的土壤铵态氮含量分别为 4.71 mg/kg、3.78 mg/kg、2.18 mg/kg，0~10 cm 的土壤铵态氮含量分别是 10~30 cm、30~50 cm 的土壤铵态氮含量的 1.24 倍和 2.16 倍。菜地不同土层铵态氮含量分别为 3.70 mg/kg、1.27 mg/kg、0.70 mg/kg，0~10 cm 的土壤铵态氮含量是 10~30 cm、30~50 cm 的土壤铵态氮含量的 2.92 倍和 5.32 倍。柏木林和灌草丛土壤铵态氮含量较高，分别为 12.54 mg/kg、11.97 mg/kg。

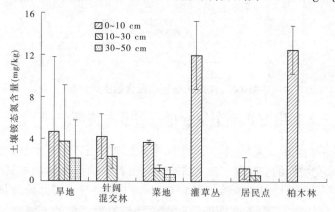

图 4-7　各土地利用方式不同土层土壤铵态氮含量分布

　　土壤硝态氮含量也随土壤深度增加不断降低，具有明显的"表聚性"特征（见图 4-8）。其中，旱地 0~10 cm、10~30 cm、30~50 cm 的土壤硝态氮含量分别为 19.68 mg/kg、17.54 mg/kg、13.50 mg/kg，0~10 cm 的土壤硝态氮含量分别是 10~30 cm、30~50 cm 的硝态氮含量的 1.12 倍和 1.46 倍；菜地 0~10 cm、10~30 cm、30~50 cm 的土壤硝态氮含量分别为 35.16 mg/kg、21.79 mg/kg、11.27 mg/kg，0~10 cm 的土壤硝态氮含量分别是 10~30 cm、30~50 cm 的土壤硝态氮含量的 1.61 倍和 3.12 倍；针阔混交林和居民点 0~10 cm、10~30 cm 的土壤硝态氮含量分别为 23.33 mg/kg、9.41 mg/kg 和 29.35 mg/kg、10.51 mg/kg，针阔混交林和居民点 0~10 cm 的土壤硝态氮含量分别是 10~30 cm 土壤硝态氮含量的 2.48 倍和 2.79 倍；柏木林和灌草丛土壤硝态氮含量较低，分别为 4.21 mg/kg、

3.36 mg/kg。

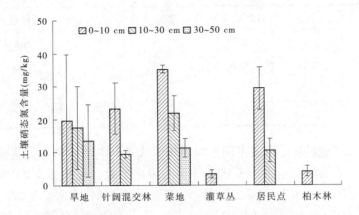

图 4-8　各土地利用方式不同土层土壤硝态氮含量分布

4.3.4　不同土地利用方式土壤氮储量特征

表 4-6 显示了老城镇小流域不同土地利用方式条件下土壤全氮储量特征,结果表明菜地和旱地土壤全氮储量均明显高于针阔混交林、柏木林和灌草丛,其中旱地和菜地 0~50 cm 土层土壤全氮储量分别为 5.70 Mg/hm²、7.03 Mg/hm²,分别是针阔混交林(3.76 Mg/hm²)、居民点(3.64 Mg/hm²)、柏木林(1.15 Mg/hm²)和灌草丛(1.11 Mg/hm²)的 1.52 倍、1.57 倍、4.97 倍、5.15 倍和 1.87 倍、1.94 倍、6.13 倍、6.35 倍。从土壤全氮储量的垂向分布看,旱地、针阔混交林、菜地、灌草丛、居民点、柏木林等土地利用方式下 0~10 cm 土层全氮储量分别占其土壤全氮总储量的 20.18%、34.31%、20.48%、100.00%、34.34%、100.00%,表明表层土壤全氮储量的贡献率较大,特别是灌草丛和柏木林地由于土壤十分浅薄,土壤全氮主要集中在 0~10cm 的表层土壤。

表 4-6　不同土地利用方式下土壤全氮储量　　　　（单位:Mg/hm²）

土层深度	旱地	针阔混交林	菜地	灌草丛	居民点	柏木林
0~10 cm	1.15	1.29	1.44	1.11	1.25	1.15
10~30 cm	2.28	2.47	2.83	0	2.39	0
30~50 cm	2.27	0	2.76	0	0	0
0~50 cm	5.70	3.76	7.03	1.11	3.64	1.15

表 4-7 显示了老城镇小流域不同土地利用方式条件下土壤铵态氮储量特征,结果表明,老城镇小流域不同土地利用方式条件下土壤铵态氮储量呈以下顺序:旱地(20.14 kg/hm²) >柏木林(13.65 kg/hm²) >灌草丛(12.78 kg/hm²) >菜地(11.22 kg/hm²) >针阔混交林(10.41 kg/hm²) >居民点(3.15 kg/hm²)。从土壤铵态氮储量的垂向分布看,旱地、针阔混交林、菜地、荒草地、居民点、柏木林等土地利用方式下 0~10 cm 土层铵态氮储量分别占土壤铵态氮总储量的 28.30%、47.55%、48.53%、100.00%、51.11%、100.00%,表明针阔混交林、菜地、灌草丛、居民点、柏木林等表层土壤铵态氮储量的贡献率较高,旱地表层土壤铵态氮储量的贡献率相对较低。

表4-7 不同土地利用方式下土壤铵态氮储量 （单位:kg/hm²）

土层深度	旱地	针阔混交林	菜地	灌草丛	居民点	柏木林
0~10 cm	5.70	4.95	5.45	12.78	1.61	13.65
10~30 cm	9.16	5.46	3.73	0	1.54	0
30~50 cm	5.28	0	2.05	0	0	0
0~50 cm	20.14	10.41	11.23	12.78	3.15	13.65

表4-8显示了老城镇小流域不同土地利用方式条件下土壤硝态氮储量特征,结果表明,老城镇小流域不同土地利用方式条件下土壤硝态氮储量呈以下顺序:菜地(149.27 kg/hm²)>旱地(98.92 kg/hm²)>居民点(63.74 kg/hm²)>针阔混交林(49.18 kg/hm²)>柏木林(4.59 kg/hm²)>灌草丛(3.59 kg/hm²)。从土壤硝态氮储量的垂向分布看,旱地、针阔混交林、菜地、灌草丛、居民点、柏木林等土地利用方式下0~10 cm土层硝态氮储量分别占土壤硝态氮总储量的24.07%、55.35%、34.72%、100.00%、58.27%、100.00%,表明针阔混交林、灌草丛、居民点、柏木林表层土壤硝态氮储量的贡献率较高,旱地、菜地表层土壤硝态氮储量的贡献率相对较低,这可能与耕地、林地、居民点和灌草丛之间硝态氮主要来源差异以及人类耕作影响有关,而且林地、居民点和灌草丛的土层十分浅薄,土壤硝态氮储量也主要集中在表层土壤。

表4-8 不同土地利用方式下土壤硝态氮储量 （单位:kg/hm²）

土层深度	旱地	针阔混交林	菜地	灌草丛	居民点	柏木林
0~10 cm	23.81	27.22	51.82	3.59	37.14	4.59
10~30 cm	42.44	21.96	64.23	0	26.60	0
30~50 cm	32.67	0	33.22	0	0	0
0~50 cm	98.92	49.18	149.27	3.59	63.74	4.59

4.4 讨 论

影响土壤氮素空间分布的因素较多,包括成土母质、土壤类型、土地利用类型、施肥管理、水土流失程度等(Chien,1997),但在同一气候背景下母质条件较为一致的区域内,由于不同土地利用类型地表覆盖、凋落物质量及人为干扰影响程度不同,从而直接影响土壤氮素的输入和输出,进而深刻影响土壤中的氮素储量和有效性(Pan et al.,2008)。本章研究结果表明,丹江口库区旱地、菜地、针阔混交林、柏木林和灌草丛等典型的土地利用类型土壤全氮、硝态氮、铵态氮含量具有明显差异,其中各土地利用类型土壤全氮含量的均值呈以下顺序:针阔混交林(1.204 9 g/kg)>居民点(1.195 2 g/kg)>柏木林(1.053 g/kg)>灌草丛(1.037 8 g/kg)>菜地(0.959 6 g/kg)>旱地(0.939 g/kg),且针阔混交林各层土壤全氮含量均明显高于旱地和菜地。这主要是由于针阔混交林人为影响较小,土壤有机质不断累积(Collard et al.,2006),而旱地和菜地人为耕作影响导致土壤有机质分解速度较快，从而使其土壤全氮含量较低。自然生态系统中，土壤无机氮水平是由有机物质的矿化、雨水带入量和人为施肥等输入量与矿物固定、微生物固定、淋溶损失、氨挥发和植物吸收等输出量的差额决定的，尤其受控于矿化作用和植物吸收作用（Mo et al.，1997）；但在人为影响强烈的生态系统中，施肥量对土壤无机氮水平起决定性作用（黄容等，2010）。本章中旱地和菜地土壤硝态氮水平显著高于柏木林、居民点和灌草丛等土地利用类型，这可能与耕地的人为施肥有关。

本研究的老城镇小流域地形较为复杂，旱地、菜地、柏木林、针阔混交林相互交错，居民点又分散其中，地块单元十分分散，复杂的下垫面结构势必导致土壤氮含量和储量存在显著的空间异质性。本章研究发现，老城镇小流域旱地、菜地、柏木林、针阔混交林等土地利用方式下土壤全氮、硝态氮和铵态氮的含量均随土壤深度增加而减少，表现出明显的"表聚性"（王艳芳等，2018；Li et al.，2014；王棣等，2014），这可能与表层枯落物存量较高以及耕作层较浅有关（Wang et al.，2016）。大多研究表明，林地枯枝落叶的存量对土壤有机碳影响很大，也引起土壤全氮含量增大，农田地表覆盖物少，且受人为扰动大，土壤中有机碳氮转化为 CO_2 和无机氮的程度较高，从而导致农田全氮含量往往较低。如 Wang 等（2016）和 Gelaw 等（2014）分别对中国北部和埃塞俄比亚北部山区的土壤碳氮储量研究发现耕地转化为草地、次生灌丛和林地均可显著提升土壤碳氮含量和储量。

本研究也发现，丹江口库区老城镇小流域旱地、菜地、柏木林、针阔混交林等土地利用方式中，相同土层深度土壤全氮含量呈现针阔混交林 > 居民点 > 柏木林 > 灌草丛 > 菜地 > 旱地的特点，研究结果与前人研究结果一致。菜地和旱地由于秸秆收割、作物根系的分解以及人为耕作导致土壤通透性提高，微生物活性较强，导致土壤有机物不断分解，土壤全氮含量较低。本研究区域林地多为针阔混交林、常绿柏木林、灌草丛，人类活动较少，特别是柏木林和灌草丛土壤浅薄，颗粒较粗，土壤微生物活性较弱，土壤有机质分解速度较为缓慢，有利于土壤有机质的累积，导致针阔混交林、常绿柏木林、灌草丛的土壤全氮含量较高。生态系统中土壤硝态氮的水平取决于有机物矿化、大气沉降和作物施肥等输入量和微生物固定、植物吸收和淋溶损失等输出量之间的差额（Mo et al.，1997）。但是，人为施肥是农田土壤硝态氮水平的决定性因素（黄容等，2010）。如 Zhu 等（2009）对川中丘陵区坡耕地硝态氮流失特征研究发现，由于人为施肥的影响，紫色土区旱地土壤硝态氮年流失通量达 34.3 kg/hm^2。本研究也发现丹江口库区老城镇小流域旱地和菜地土壤硝态氮含量显著高于其他土地利用类型，可见库区强烈的人类活动显著增加了耕地土壤硝态氮流失的风险。

由于土壤氮素含量、土壤容重和土层深度差异（王艳芳等，2018；肖春艳等，2014），区域尺度土壤氮储量差异较大。研究表明：我国北方灌丛 1 m 深土壤全氮储量分别为 7.1 Mg/hm^2（郭焱培等，2017）；豫西黄土丘陵区不同树龄的栎类、侧柏林表层土壤（0 ~ 20 cm）全氮储量为 1.59 ~ 2.34 Mg/hm^2（王艳芳等，2018）；广西南亚热带林地土壤氮储量为 10.59 ~ 17.91 Mg/hm^2（王卫霞等，2013）；若尔盖高原湿地 1 m 深土壤全氮储量为 15.0 ~ 34.0 Mg/hm^2（叶春等，2016）；长江流域耕地表层土壤（0 ~ 20 cm）全氮储量为 5.38 ~ 8.82 Mg/hm^2（李双来等，2010）。可见，丹江口库区小流域旱地、菜地、柏木针叶林、针阔混交林等土地利用类型土壤全氮储量（1.11 ~ 7.04 Mg/hm^2）总体水平较低，这可能与丹江口库区林地类型、林龄以及耕地耕作管理方式有关,也说明应加强丹江口库区林地植被的保护和恢复重建,促进不同类型植被群落演替更新,并通过增加耕地秸秆还田量以及保护性耕作等措施,提高库区土壤有机碳氮含量,促进土壤生产力的自我恢复,降低作物施肥量,从而降低无机氮流失风险。同时,老城镇小流域的菜地和旱地的土壤硝态氮储量(98.92 ~ 149.27 kg/hm²)水平却相对较高,这与库区耕地强烈的人为施肥活动有关,"过剩"的土壤硝态氮势必随着旱地和菜地水土流失进入水体,增加库区小流域区域内地表水水质恶化和富营养化的风险。

4.5　主要结论

本研究以丹江口库区典型小流域为研究对象,研究了不同土地利用方式条件下土壤氮含量分布及储量特征,结果表明:

(1)丹江口库区小流域土壤全氮含量的空间分布主要受到针阔混交林、柏木林、旱地、灌草丛、菜地、旱地和居民点等多种主要土地利用类型的影响。其中,不同土地利用类型表层土壤全氮含量呈以下顺序:针阔混交林(1.204 9 g/kg) > 居民点(1.195 2 g/kg) > 柏木林(1.053 g/kg) > 灌草丛(1.037 8 g/kg) > 菜地(0.959 6 g/kg) > 旱地(0.939 g/kg);土壤铵态氮含量呈以下顺序:柏木林(12.54 mg/kg) > 灌草丛(11.96 mg/kg) > 居民点(8.00 mg/kg) > 针阔混交林(4.68 mg/kg) > 菜地(4.16 mg/kg) > 旱地(3.22 mg/kg);土壤硝态氮含量呈以下顺序:菜地(32.08 mg/kg) > 居民点(23.89 mg/kg) > 针阔混交林(18.25 mg/kg) > 旱地(18.22 mg/kg) > 柏木林(4.21 mg/kg) > 灌草丛(3.36 mg/kg)。

(2)丹江口库区小流域不同土地利用方式对土壤氮含量及储量影响显著,土壤全氮、铵态氮和硝态氮的含量均随土壤深度增加而减少,表现出明显的"表聚性"。从土壤氮储量上看,丹江口库区不同土地利用类型土壤全氮储量呈以下顺序:菜地(7.08 Mg/hm²) > 旱地(5.70 Mg/hm²) > 针阔混交林(3.76 Mg/hm²) > 居民点(3.64 Mg/hm²) > 柏木林(1.15 Mg/hm²) > 灌草丛(1.11 Mg/hm²);土壤铵态氮储量呈以下顺序:旱地(20.14 kg/hm²) > 柏木林(13.65 kg/hm²) > 灌草丛(12.78 kg/hm²) > 菜地(11.23 kg/hm²) > 针阔混交林(10.41 kg/hm²) > 居民点(3.15 kg/hm²);土壤硝态氮储量呈以下顺序:菜地(149.27 kg/hm²) > 旱地(98.92 kg/hm²) > 居民点(63.74 kg/hm²) > 针阔混交林(49.18 kg/hm²) > 柏木林(4.59 kg/hm²) > 灌草丛(3.59 kg/hm²)。

(3)丹江口库区不同土地利用方式的土壤全氮储量总体水平较低,应重视丹江口库区小流域的植被保护与恢复重建,优化耕作措施,增强和提升土壤碳氮含量和储量,提高土壤生产力的自我恢复能力,而强烈的作物施肥活动导致耕地硝态氮含量和储量水平较高,增加了区域内地表水水质恶化和富营养化的风险。

(4)了解流域尺度土壤氮素空间变异特征,将会为流域土地资源管理和环境修复提供很好的科学依据。通过地统计学和地理信息系统技术对流域尺度土壤氮空间分布进行分析,将有效提高氮流失风险评估和流域非点源污染模型模拟精度。

参考文献

［1］ Al-kaisi M M,Yin X,Licht M A. Soil carbon and nitrogen changes as influenced by tillage and cropping systems in some Iowa soil［J］. Agriculture,Ecosystems & Environment,2005,105:635-647.

［2］ Cambarbella C A,Moorman T B,Novak J M,et al. Field-scale variability of soil properties in Central Iowa soils ［J］. Soil science society of America Journal,1994,58:1501-1511.

［3］ Chien Y J,Lee D Y,Guo H Y,et al. Geo-statistical analysis of soil properties of mid-west Taiwan soils ［J］. Soil Science,1997,162:151-162.

［4］ Collard S J,Zammit C. Effects of land use intensification on soil carbon and ecosystem services in Brigalow（Acacia harpophylla）landscapes of southeast Queensland, Australia［J］. Agriculture, Ecosystems & Environment,2006,17:185-194.

［5］ Ellert B H,Gregorich E G. Storage of carbon,nitrogen and phosphorus in cultivated and adjacent forested soils of Ontario［J］. Soil Science,1996,161:587-603.

［6］ Finzi A C,Van Breemen N,Canham C D. Canopy tree-soil interactions within temperate forests: species effects on soil carbon and nitrogen［J］. Ecological Applications,1998,8:440-446.

［7］ Gelaw A M,Singh B R,Lal R. Soil organic carbon and total nitrogen stocks under different land uses in a semi-arid watershed in Tigray, North. Ethiopia［J］. Agriculture, Ecosystems & Environment, 2014, 188: 256-263.

［8］ Grunwald S,Reddy K R,Prenger J P,et al. Understanding spatial variability and its application to biogeochemistry analysis ［M］. In D. arkar et al.（ed.）environmental biogeochemistry: concepts and case studies. Elsevier,Berlin: 2007,435-462.

［9］ Huang B, Sun W X,Zhao Y C,et al. Temporal and spatial variability of soil organic matter and total nitrogen in an agricultural ecosystem as affected by farming practices［J］. Geoderma,2007,139:336-345.

［10］ Lamsal S,Bliss C M,Graetz D A. Geospatial mapping of soil nitrate-nitrogen distribution under a mixed-land use system ［J］. Pedesphere,2009,19(4):434-445.

［11］ Li D F,Shao M A. Soil organic carbon and influencing factors in different landscapes in an arid region of northwestern China［J］. Catena,2014,116: 95-104.

［12］ Mo J M,Yu M D, Kong G H. The dynamics of soil $NH_4^+ - N$ and $NO_3^- - N$ in pine forest of Dinhushan as assessed by on exchange resinbag method［J］. Journal of Plant Ecology,1997,21(4):335-341.

［13］ Monokrousos N,Papatheodorou E M,Diamantopoulos J D,et al. Temporal and spatial variability of soil chemical and biological variables in a Mediterranean shrubland［J］. Forest Ecology and Management, 2004,2:83-91.

［14］ Pan K W,Xu Z H,Blumfield T,et al. In situ mineral ^{15}N dynamics and fate of added $^{15}NH_4^+$ in hoop pine plantation and adjacent native forest in subtropical Australia［J］. Journal of Soil and Sediments,2008,6: 398-405.

［15］ Parker S S,Schimel J P. Soil nitrogen availability and transformations differ between the summer and the growing season in California grassland ［J］. Applied Soil Ecology,2011,8: 185-192.

［16］ Sakin E. Organic carbon organic matter and bulk density relationships in arid-semi arid soils in Southeast Anatolia region［J］. African Journal of Biotechnology,2014,11:1373-1377.

［17］ Schroth G,D'Angelo S A,Teixeira W G,et al. Conversion of secondary forest into agroforestry and monoculture plantations in Amazonia：consequences for biomass，litter and soil carbon stocks after 7 years[J]. Forest Ecology and Management，2002，163：131-150.

[18] Shorten P R，Pleasants A B. A stochastic model of urinary nitrogen and water flow in grassland soil in New Zealand [J]. Agriculture，Ecosystems & Environment，2007，120：145-152.

[19] Six J，Paustian K. Aggregate-associated soil organic matter as an ecosystem property and a measurement tool[J]. Soil Biology and Biochemistry，2014，68：A4-A9.

[20] Tilman D，Cassman K G，Matson P A，et al. Agricultural sustainability and intensive production practices [J]. Nature，2002，418：671-677.

[21] Van der Park M，Owens P N，Deeks L K，et al. Controls on catchment-scale patterns of phosphorus in soil，streambed sediment，and stream water [J]. Journal of Environmental Quality，2007，36：694-708.

[22] Wang H J，Shi X Z，Yu D S，et al. Factors determining soil nutrient distribution in a small-scaled watershed in the purple soil region of Sichuan province，China[J]. Soil & Tillage Research，2009a，105：300-306.

[23] Wang T，Kang F F，Cheng X Q，et al. Soil organic carbon and total nitrogen stocks under different land uses in a hilly ecological restoration area of North China[J]. Soil & Tillage Research，2016，163：176-184.

[24] Wang Y Q，Zhang X C，Huang C Q. Spatial variability of soil total nitrogen and soil total phosphorus under different land uses in a small watershed on the Loess Plateau，China[J]. Geoderma，2009b，150：141-149.

[25] Yu D，Wang X，Yin Y，et al. Estimates of forest biomass carbon storage in Liaoning province of northeast China：a review and assessment[J]. PLoS One，2014，9：e89572.

[26] Zhu B，Wang T，Kuang F H，et al. Measurements of nitrate leaching from hillslope cropland in the central Sichuan Basin，China[J]. Soil Science Society of America Journal，2009，73（4）：1419-1426.

[27] 曹静娟，尚占环，郭瑞英，等. 开垦和弃耕对黑河上游亚高山草甸土壤氮库的影响[J]. 干旱区资源与环境，2011，25（4）：171-175.

[28] 陈志超，杨小林，刘昌华. 万安流域不同土地利用类型土壤全磷时空分异特征[J]. 土壤通报，2014，45（4）：867-872.

[29] 董云中，王永亮，张建杰，等. 晋西北黄土高原丘陵区不同土地利用方式下土壤碳氮储量[J]. 应用生态学报，2014，25（4）：955-960.

[30] 郭焱培，杨弦，安尼瓦尔·买买提，等. 中国北方温带灌丛生态系统碳、氮磷储量[J]. 植物生态学报，2017，41（1）：14-21.

[31] 郝芳华，欧阳威，李鹏，等. 河套灌区不同灌季土壤氮素时空分布特征分析[J]. 环境科学学报，2008，28（5）：845-852.

[32] 黄容，潘开文，王进闯. 岷江上游半干旱河谷区 3 种林型土壤氮素的比较[J]. 生态学报，2010，30（5）：1210-1216.

[33] 孔庆波，白由路，杨俐苹，等. 黄淮海平原农田土壤磷素空间分布特征及影响因素研究[J]. 中国土壤与肥料，2009，5：10-14.

[34] 李启权，王昌全，岳天祥，等. 基于 RBF 神经网络的土壤有机质空间变异研究方法[J]. 农业工程学报，2010，26（1）：87-94.

[35] 李双来，胡诚，乔艳. 水稻小麦种植模式下长期定位施肥土壤氮的垂直变化及氮储量[J]. 生态环境学报，2010，19（6）：1334-1337.

[36] 李学敏，文力，刘琛，等. 丹江口水库库区及周边地区水土流失空间分布特征及影响因素[J]. 湖南

农业科学,2018,9:54-59.

[37] 李义玲,李太魁,顾令爽,等.紫色土丘陵区小流域不同土地利用方式土壤氮磷储量特征[J].安徽农业科学,2018,46(31):133-137.

[38] 鲁如坤.土壤农业化学分析方法[M].北京:中国农业科技出版社,2000.

[39] 孙涛.模拟氮沉降对东北地区兴安落叶松人工林生态系统呼吸主要组分影响研究[D].哈尔滨:东北林业大学,2014.

[40] 王棣,佘雕,耿增超,等.秦岭典型林分土壤活性有机碳及碳储量垂直分布特征[J].应用生态学报,2014,25(6):1569-1577.

[41] 王卫霞,史作民,罗达,等.我国南亚热带几种人工林生态系统碳氮储量[J].生态学报,2013,33(3):925-933.

[42] 王艳芳,刘领,李志超,等.豫西黄土丘陵区不同林龄栎类和侧柏人工林碳、氮储量[J].应用生态学报,2018,29(1):25-32.

[43] 肖春艳,贺玉晓,赵同谦,等.退耕湿地典型植被群落土壤氮分布及储量特征[J].水土保持学报,2014,28(4):138-147.

[44] 杨小林,李义玲,朱波,等.紫色土小流域不同土地利用类型的土壤氮素时空分异特征[J].环境科学学报,2013,33(10):2807-2813.

[45] 章影,廖畅,姜庆虎,等.丹江口库区土壤侵蚀对土地利用变化的响应[J].水土保持通报,2017,37(1):104-111,2.

[46] 叶春,蒲玉琳,张世熔,等.湿地退化条件下土壤碳氮磷储量与生态化学计量变化特征[J].水土保持学报,2016,30(6):181-192.

第 5 章　丹江口库区小流域土壤营养氮沉降临界负荷特征

5.1　引　言

人类活动导致的大气环境的高氮以干/湿沉降的方式返回地表,并以"酸源"和"营养源"的形式进入陆地生态系统和水生生态系统。近些年,随着工业化进程,大气氮沉降量不断增加,大气沉降对生态系统的"酸化效应"日益成为学术界关注的热点。为了控制和管理因大气沉降导致的"酸化效应",20 世纪 70 年代首次提出了酸沉降"临界负荷"(critical loads)的概念,即"在不导致对生态系统的结构和功能产生长远有害影响变化时,生态系统能承受的最大酸性沉降量"。20 世纪 80 年代后期至今,欧洲和北美许多国家从酸化角度开展了很多氮的酸沉降临界负荷定量研究(Sullivan et al., 2012;Posch et al., 2015),为相关政府决策部门制定合理酸沉降控制对策提供了科学依据。欧洲酸沉降控制的成功经验表明,基于临界负荷的消减对策能够保证生态系统得到充分保护的前提下,极大地削减投入(孙成玲等,2014),而且临界负荷已经在中国酸沉降控制中得以应用,其中最重要的应用就是"两控区"的划分,即酸雨控制区或者二氧化硫污染控制区(段雷等,2002)。如孙成玲等(2014)对我国珠江三角洲地区硫和氮沉降临界负荷进行了研究,发现珠江三角洲地区硫沉降超过临界负荷的区域较少,但是大部分区域氮沉降超过了其临界负荷;段雷等(2007)利用稳态法确定了我国湛江地区土壤硫沉降和氮沉降的临界负荷。目前,临界负荷法已被科学家作为研究酸沉降生态效应的依据和国际公认的进行有关酸沉降控制决策制定的科学手段(施亚星等,2015)。

高氮沉降不仅会导致生态系统的酸化,而且会引发生态系统氮素盈余和富营养化的问题(郝吉明等,2003;English et al., 2006;常运华等,2012)。作为生态系统重要"营养源"的氮沉降超过土壤营养氮临界负荷必将产生生态系统氮饱和与富营养化问题(叶雪梅等,2002)。为了评估和控制营养氮沉降的生态效应,关键是需要确定营养氮临界负荷,即"在不致使生态系统的任何部分(如土壤、植被、地表水体等)产生富营养化或者任何类型的营养元素失稀的氮化合物的最高沉降负荷"。因此,土壤营养氮沉降临界负荷就是"不产生有害影响的前提下被土壤接受的最大氮沉降量"(Reynolds et al., 1998,宋欢欢等,2014)。我国学者郝吉明等(2003)对我国土壤营养氮沉降临界负荷的分布特征进行了研究。如今,越来越多的学者关注特定区域内的大气营养氮沉降,如周立峰(2012)基于临界负荷评估了大气氮沉降对白溪水库水质的影响;叶雪梅(2002)对我国主要湖泊、水库的营养氮沉降临界负荷进行了研究,并认为我国主要湖泊、水库的营养氮沉降临界负荷都比较小,部分湖泊氮沉降已经超过了营养氮沉降临界负荷,意味着即使水体只接受氮沉降也将发生富营养化;周旺明等(2015)对长白山森林生态系统大气氮素湿沉降通量研究发现,氮沉降量已接近或超过区域的营养氮沉降临界负荷,存在一定的环境风险。

丹江口水库作为南水北调中线工程的水源地,重点解决北京、天津、石家庄等沿线 20 多个城市的缺水问题,对水质有很高的要求。但近年来,随着库区局部库湾和部分支流水质指标超过国家地表水环境质量Ⅳ类标准,其中总氮、总磷明显超标,有明显的富营养化趋势(王立辉等,2011;李太魁等,2018)。目前,在控制丹江口水库水质富营养化过程中,消减氮沉降并不是目前最重要的任务,大力控制其他人为污染源如工业污染、生活污水以及农田氮肥流失引起的径流氮输入是最关键的,但是当把这些首要污染源控制住以后,必须考虑大气氮沉降对丹江口库区的影响。目前,虽然学者已经认识到高氮沉降会造成生态系统营养失衡和富营养化问题,但是从"营养源"的角度开展营养氮沉降临界负荷研究,评价生态环境富营养化风险的明显不足,特别是从"营养源"的角度开展丹江口库区土壤营养氮沉降临界负荷的研究较少。本章将以丹江口库区典型小流域——老城镇小流域为研究对象,系统研究该区域大气氮沉降临界负荷,旨在为该地区复合型氮污染控制策略的制定提供基础数据。

5.2　研究方法

5.2.1　营养氮沉降临界负荷估算

5.2.1.1　模型的选择

营养氮沉降临界负荷是通过量化在不产生有害影响的前提下可以被土壤受体接受的最大氮沉降量计算的。氮在土壤中的汇主要包括植被的吸收、土壤的矿化和反硝化,过量的氮通过淋溶过程进入水体,当氮淋溶浓度达到临界值(临界氮淋溶浓度)时,可以认为生态系统将发生富营养化,此时的氮沉降量为营养氮临界负荷。营养氮临界负荷的研究通常所用的测定方法有稳态法和动态模拟法。相对于动态模拟法,稳态法忽略了生态系统化学状态的动态变化过程,参数少、方法简单,适用于典型区域或者小流域。因此,结合各方面因素考虑,本章选择稳态法模型中的稳态质量平衡(SMB)法来计算确定老城镇小流域土壤氮临界负荷特征。该方法撇去了大气沉降氮源在系统中的各种迁移、转化、降解等复杂过程,而只以大气氮沉降的输入、输出为研究依据,建立平衡模型。根据稳态质量平衡(SMB)法模型,营养氮沉降临界负荷可以通过式(5-1)计算:

$$CL = N_i + N_{up} + \frac{N_{le,crit}}{1 - f_{de}} \tag{5-1}$$

式中:CL 为营养氮沉降临界负荷;N_i 为土壤中氮的矿化速率;N_{up} 为植被对氮的吸收速率;f_{de} 为氮的反硝化速率;$N_{le,crit}$ 为临界氮淋溶速率。

5.2.1.2　营养氮沉降临界负荷估算模型参数的确定

由式(5-1)可见,确定区域土壤系统的营养氮沉降临界负荷所需要的参数有土壤中氮的矿化速率 N_i、植被对氮的吸收速率 N_{up}、氮的反硝化速率 f_{de}、临界氮淋溶速率 $N_{le,crit}$。下面将介绍这些参数的测定和收集方法。

1.土壤氮的矿化速率

土壤中氮由有机态转化为无机态的 NH_4^+ 或 NH_3,进而与沉降的无机氮一起储存在土壤中的过程称为氮的矿化(郝吉明等,2003)。一般情况下,计算临界负荷时采用的是土

壤氮矿化速率的长期平均值:

$$N_i = \frac{Cd}{t} \tag{5-2}$$

式中:C 为土壤的含氮量;d 为土壤厚度;t 为土壤年龄(通常从第四纪冰川结束时,即大约 11 500 a 前算起(Rosen et al.,1992))。

郝吉明等(2003)研究发现,我国主要土壤类型的长期氮矿化速率在 0.9~7 kg/(hm·a) 范围之内。实际上,土壤的长期平均氮矿化速率除主要与土壤类型有关外,还取决于特定的地理位置和植被状况。本章主要通过前人研究成果(郝吉明等,2003;陈祥伟等,1999),并根据老城镇小流域特殊的地形地貌、地表植被状况,综合考虑研究区域的不同土壤类型条件下土壤氮矿化速率。

2.植被对氮的吸收速率

对森林、灌草丛生态系统来说,由植被吸收造成的氮元素损失常用下式表示:

$$N_{up} = K_t N_t + K_b N_b \tag{5-3}$$

式中:N_{up} 为植被对氮的吸收速率;K_t、N_t 分别为干和枝的净生产力;K_b、N_b 分别为氮素在干和枝中的含量。

类似地,草地、草原等氮素的吸收速率可以通过式(5-4)表示:

$$N_{up} = K \cdot N \tag{5-4}$$

式中:K、N 分别为草地年产草量和草的含氮量。

本书研究区域的老城镇小流域土地利用类型以耕地、柏木林、灌草丛、针阔混交林、居民点为主。本书主要通过现有研究成果获取柏木林、针阔混交林、灌草丛生产力资料以及各种植被的含氮量(段雷等,2007),应用上述公式获取研究区域不同植被类型对氮素的吸收速率(见表5-1),而人为施肥活动较为强烈的区域,如耕地的氮素一般认为都来源于人工施肥,所以一般都认为农田植被对土壤矿化氮的吸收速率接近于 0。居民点周边的植被以阔叶树种为主,0 以下以灌丛和草地为主。

表 5-1　研究区域植被对氮的吸收速率　　［单位:kg/(hm²·a)］

参数类型	耕地	柏木林	灌草丛	针阔混交林	居民点
氮的吸收速率	0	4.5	3.5	17.2	19.7

3.土壤氮的反硝化速率

研究结果表明,土壤氮的反硝化速率 f_{de} 与土壤类型,特别是土壤质地有关。例如,对于不含潜育特征的黄土和沙土,$f_{de}=0.1$;对于含潜育特征的沙土,$f_{de}=0.5$;对于黏土,$f_{de}=0.7$;对于泥炭土,$f_{de}=0.8$。由于研究区域土壤类型主要有石灰土、黄棕壤,本章将根据土壤的质地资料(熊毅等,1987),确定研究区域各主要土壤类型的反硝化速率。考虑到临界负荷计算所需的反硝化速率是土壤的长期平均性质,尽管土壤中氮的反硝化作用随着土壤湿度的变化存在季节变化,本研究均加以忽略。

4.临界氮淋溶速率

表征生态系统是否发生富营养化的临界化学值是确定临界负荷的关键(郝吉明,2003)。临界氮淋溶速率的计算公式为

$$N_{\text{le,crit}} = Q \times [NO_3^-]_{\text{crit}}$$

式中：Q 为径流量；$[NO_3^-]_{\text{crit}}$ 为临界氮淋溶浓度。

一般情况下，$[NO_3^-]_{\text{crit}}$ 主要与区域植被类型有关，森林地区的地表径流硝酸盐浓度较低，当地表径流的硝酸盐浓度低于 21.4 μmol/L 时，不会对森林生态系统造成危害，对土壤也不会产生富营养化效应，因此可以将其作为森林生态系统的临界氮淋溶浓度（Rosen et al.，1992）。但是也有针叶林地区研究表明，当土壤溶液中的硝酸盐浓度高于 14.3 μmol/L 时，就会对针叶林系统产生富营养化效应（Reynolds et al.，1998），因此应将其作为针叶林临界氮淋溶浓度。灌丛、草地的研究也表明，该类生态系统对氮沉降也很敏感，土壤溶液中硝酸盐浓度高于 14.3 μmol/L 时，就会对该类系统土壤产生富营养化影响，因此将 14.3 μmol/L 作为灌丛、草地的临界氮淋溶浓度（Hall et al.，1998）；而农田生态系统对氮沉降的敏感性要弱于森林生态系统，特别是针叶林、灌丛和草地生态系统，一般认为农田土壤硝酸盐浓度高于 1 400 μmol/L 才会产生富营养化影响（郝吉明等，2003）。通过计算获得研究区域不同土地利用方式条件下土壤氮淋溶速率（见表 5-2），其中耕地的土壤氮淋溶速率是农田土壤硝酸盐产生富营养化的临界淋溶速率［711.76 kg/(hm²·a)］减去研究区域人为长期施肥的平均值［650 kg/(hm²·a)］（见表 5-2）。

表 5-2　研究区域临界氮淋溶速率　　　　［单位：kg/(hm²·a)]

参数类型	耕地	柏木林	灌草丛	针阔混交林	居民点
氮的淋溶速率	61.76	7.27	7.27	7.27	10.88

5.2.1.3　营养氮沉降临界负荷估算所需栅格的确定

为了计算流域尺度不同系统土壤氮沉降临界负荷，分析其空间特征，在地理信息系统（ArcGIS）支持下，制作式(5-1)中计算所需的栅格图层，利用栅格计算器实现本研究小流域营养氮沉降临界负荷的估算。

收集研究区不同来源的数据，主要包括土壤图、土地利用图、植被类型图，通过格式转换、投影变换、裁切、单位变换等步骤对数据进行预处理，生成计算所需的 ArcGIS 栅格。营养氮沉降临界负荷估算所需栅格及制作方法见表 5-3。

表 5-3　老城镇小流域营养氮沉降临界负荷估算所需栅格及制作方法

栅格类型	制作方式
土壤栅格	由老城镇小流域土壤图生成
土地利用栅格	由老城镇小流域土地利用图生成
植被类型栅格	由老城镇小流域植被类型图生成
植被对氮吸收速率 N_{up} 栅格	由不同植被氮吸收速率文献值及老城镇小流域土地利用栅格生成
反硝化率 f_{de} 栅格	通过反硝化率与土壤类型对应关系对不同土壤类型的 f_{de} 进行赋值生成
土壤氮矿化速率 N_i 栅格	由不同土壤类型氮矿化速率文献值及老城镇小流域土壤类型栅格生成
临界氮淋溶速率 $N_{\text{le,crit}}$ 栅格	由不同植被类型 NN 临界浓度及老城镇小流域植被类型栅格生成

5.2.2　营养氮沉降的富营养效应评估

5.2.2.1　评估模型的构建

营养氮沉降通量可看作大气氮沉降施加于生态系统的压力,而氮沉降临界负荷可看作生态系统自身对大气氮沉降的最大缓冲力,二者比值反映了生态系统对大气营养氮沉降承载力的大小,可称为生态系统营养氮沉降承压度。计算公式如下:

$$B = F/L \tag{5-5}$$

式中:B 为生态系统营养氮沉降承压度;L 为营养氮沉降临界负荷,kg/(hm^2 · a);F 为营养氮沉降通量,kg/(hm^2 · a)。

5.2.2.2　富营养效应状况的判定

将生态系统氮沉降承压度作为氮沉降生态效应状况的评价指标。若氮沉降承压度 $B>1$,说明氮沉降通量高于生态系统营养氮沉降临界负荷,氮沉降通量超出了生态系统缓冲能力范围,氮沉降将会引起生态系统的损害,生态系统将会因为大气氮沉降而发生富营养化,其中 B 值越大,说明氮沉降的富营养效应越强;相反,若氮沉降承压度 $B \leqslant 1$,则说明氮沉降通量等于或低于生态系统氮沉降临界负荷,氮沉降通量未超过生态系统的缓冲能力,不会造成生态系统的损害,生态系统不会因为大气氮沉降而发生富营养化。其中,B 值越小,说明氮沉降的富营养效应越弱。

通过生态系统氮沉降承压度计算公式,结合 ArcGIS 技术的支持,确定各个栅格的氮沉降承压度,确定本研究小流域氮沉降承压度的空间分布特征,计算不同承压度等级的生态系统在流域范围的面积比例,最终评估氮沉降对整个小流域的生态效应状况。

5.3　结果与分析

本研究由于以库区典型小流域——老城镇小流域为研究对象,由于涉及研究区域面积较小,仅为 6.90 km^2,涉及的土壤类型和植被类型种类相对较少。在流域大气营养氮沉降临界负荷计算过程中,应用地理信息系统工具进行计算。首先用 ArcGIS 软件对流域土壤图和土地利用类型图进行手工数字化。由于流域面积较小、土壤类型简单,流域的土壤类型主要分为石灰土、黄棕壤 2 种类型(见图 5-1),流域植被类型主要包括旱地、菜地、柏木林、灌草丛、针阔混交林、居民点等(见图 5-2)。将各种类型参数代入,便可得到各种参数分布图。其中,植被氮吸收速率、土壤氮的矿化速率分布分别如图 5-3 和图 5-4 所示。然后利用 ArcGIS 软件将其他参数代入,分别计算各斑块土壤营养氮沉降临界负荷值。

5.3.1　流域土壤营养氮沉降临界负荷空间分布特征

图 5-5 显示了丹江口库区老城镇小流域土壤营养氮沉降临界负荷空间分布特征。结果表明库区小流域的土壤营养氮沉降临界负荷存在较为明显的空间差异。库区小流域土壤营养氮沉降临界负荷为 12.08~67.76 kg/(hm^2 · a),并呈现耕地>居民点>针阔混交林>柏木林>灌草丛的趋势。研究区域土壤营养氮沉降临界负荷与区域土地利用类型和植被类型密切相关,其中耕地的氮沉降临界负荷最高,为 67.76 kg/(hm^2 · a),其次为居民

图 5-1 老城镇小流域土壤分布

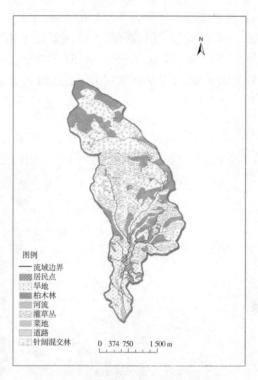

图 5-2 老城镇小流域土地利用方式

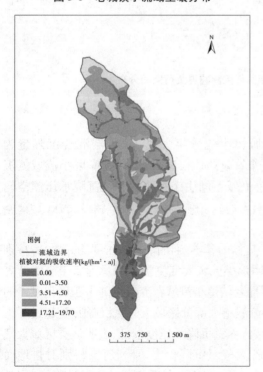

图 5-3 植被对氮的吸收速率空间分布

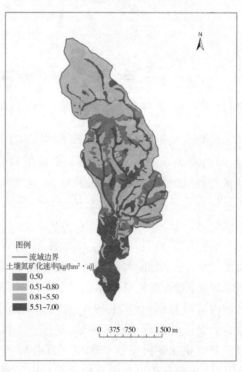

图 5-4 土壤氮矿化速率空间分布

点,氮沉降临界负荷为 48.24 kg/(hm²·a),说明耕地和居民点对大气氮沉降的敏感性较弱,可以承受较高的氮沉降。针阔混交林、柏木林、灌草丛的土壤营养氮沉降临界负荷较小,分别为 37.24 kg/(hm²·a)、13.37 kg/(hm²·a)、12.08 kg/(hm²·a),说明林地区域特别是柏木林、灌草丛区域对大气氮沉降较为敏感,只能接受较低的氮沉降。

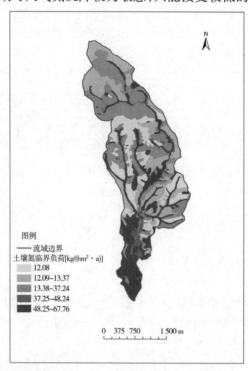

图 5-5　老城镇小流域土壤营养氮沉降临界负荷空间分布

5.3.2　流域大气氮沉降富营养效应评估

长期大气氮沉降野外监测结果表明老城镇小流域年大气 TN 干湿混合沉降量为 37.86 kg/hm²。根据大气营养氮沉降的富营养效应评估模型,可以得到库区小流域氮沉降富营养风险分布状况。结果显示,老城镇小流域不同生态系统营养氮沉降承压度空间差异较为明显(见图 5-6),总体呈现为灌草丛(3.13)>柏木林(2.83)>针阔混交林(1.02)>居民点(0.78)>旱地(0.56)的特点。

研究结果表明,灌草丛、柏木林和针阔混交林的营养氮沉降量承压度均超过 1,特别是灌草丛、柏木林的氮沉降承压度接近 3,说明该类区域大气氮沉降通量远高于土壤营养氮临界负荷,土壤极易发生富营养化问题,而且老城镇小流域营养氮沉降承压度超过 1 的区域占流域总面积的 71.69%,表明老城镇小流域绝大部分区域大气氮沉降通量超过了土壤营养氮沉降临界负荷。耕地、居民点等区域营养氮沉降承压度较低,表明该类区域大气氮沉降通量未超过土壤营养氮沉降临界负荷,大气氮沉降生态风险较低,特别对耕地而言,应该充分利用大气氮沉降对耕地土壤氮素的补充作用,合理施肥,提高氮肥的利用效率和降低耕地氮素流失风险。

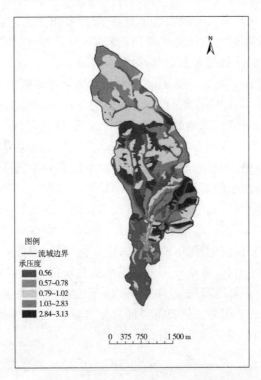

图 5-6　老城镇小流域生态系统氮沉降承压度空间分布

5.4　讨　论

　　临界负荷作为国际公认的进行有关酸沉降控制决策制定的科学手段(Hettelingh et al.,1995),也是实施 SO_2 和 NO_x 的排放总量控制目标确定和分配必不可少的依据(孙成玲等,2014),已经在国内外的酸沉降控制过程中得到了广泛运用。然而,高氮沉降不仅会导致生态系统的酸化,而且会引发生态系统氮素盈余和富营养化的问题。因此,基于"营养源"的角度,大气营养氮沉降的临界负荷确定也是流域生态系统富营养化控制决策制定的重要依据。虽然目前氮沉降在导致我国受人为活动影响很大的生态系统富营养化的过程中并不占很高比例,但随着社会的发展和能源的不断消耗,大气氮沉降输入相对于其他氮源的比例将逐渐增大,而超过营养氮沉降临界负荷的氮沉降必将导致水体产生富营养化问题(叶雪梅等,2002)。为此,开展土壤营养氮沉降的临界负荷研究,确定流域生态系统氮素控制目标是流域水体富营养化问题解决的重要途径。

　　现有研究表明,我国土壤营养氮沉降临界负荷总体上呈现西向东逐渐升高的趋势(郝吉明等,2003),我国温带、亚热带高寒草原,温带高寒矮半灌木荒漠和温带矮半灌木荒漠生态系统的营养氮沉降临界负荷最低,我国东北平原、华北平原、长江中下游平原和四川盆地等区域的生态系统营养氮沉降临界负荷最高,而且我国营养氮沉降临界负荷的空间分布规律大致与我国植被对氮的吸收速率分布规律相吻合。可见,在我国大多数地区,植被对氮的吸收速率是影响营养氮沉降临界负荷的最主要参数。农田生态系统不仅临界氮淋溶速率较高,而且对氮的吸收速率也高,导致农田生态系统土壤营养氮沉降临界负荷较高。虽然农田土壤营养氮沉降临界负荷较高,但是高氮沉降和过度的人为施肥导致土壤氮饱和,极有可能导致地表水富营养化问题。

营养氮沉降临界负荷的高低反映了区域生态系统对氮沉降的敏感程度,也反映了区域可接纳氮沉降的水平高低,临界负荷越高,区域对氮沉降的敏感性越弱,可接纳的氮沉降负荷越高;反之,区域对氮沉降越敏感,可接纳氮沉降负荷越低。本研究结果与前人研究结果较为一致,老城镇小流域土壤营养氮沉降临界负荷空间差异较为明显,总体受到生态系统植被类型的影响最为明显,其中耕地和居民点的营养氮沉降临界负荷较高,说明该类区域可接受的氮沉降水平较高,而柏木林和灌草丛的营养氮沉降临界负荷较低,该类区域可接受大气氮沉降水平较低。但是,由于本研究并未考虑人为施肥和耕作的影响,虽然耕地营养氮沉降临界负荷较高,但由于流域耕地强烈的人类施肥活动,耕地依然存在较高的氮流失风险。本研究通过营养氮沉降生态效应评估结果表明,流域71.69%的区域氮沉降承压度 $B>1$,特别是柏木林、灌草丛等生态系统的氮沉降承压度非常高,说明该类生态系统氮沉降临界负荷低于氮沉降通量,氮沉降通量超过了生态系统的缓冲能力,会造成生态系统的损害,生态系统会因为大气氮沉降而发生富营养化,流域氮沉降承压度的空间分布也为流域氮素控制和管理提供了依据。

5.5　主要结论

本研究以丹江口库区典型小流域为研究对象,采用稳态法开展了库区小流域土壤营养氮沉降临界负荷研究,主要结果如下:

(1)丹江口库区老城镇小流域土壤营养氮沉降临界负荷为 12.08~67.76 kg/(hm²·a),且研究区域氮沉降临界负荷与区域土地利用类型和植被类型密切相关,并呈现旱地[67.76 kg/(hm²·a)]>居民点[48.24 kg/(hm²·a)]>针阔混交林[37.24 kg/(hm²·a)]>柏木林[13.37 kg/(hm²·a)]>灌草丛[12.08 kg/(hm²·a)]的趋势。

(2)土壤营养氮沉降生态效应评估结果表明,不同土地利用方式和植被类型条件下大气氮沉降承压度总体呈现为灌草丛(3.13)>柏木林(2.83)>针阔混交林(1.02)>居民点(0.78)>旱地(0.56)的特点,其中区域营养氮沉降承压度 $B>1$ 的区域占流域总面积的71.69%,特别是针叶林、灌草丛等生态系统的氮沉降承压度非常高,说明该类生态系统氮沉降临界负荷远低于氮沉降通量,氮沉降通量超过了生态系统的缓冲能力,会造成生态系统的损害,生态系统会因为氮沉降而发生富营养化。

(3)为保护丹江口库区水质,解决库区水体富营养化问题,大力控制人为污染源如工业废水、生活污水以及农田氮肥流失引起的径流氮输入最为关键,但是研究区域多数生态系统氮沉降缓冲能力不及氮沉降通量,说明该类区域对大气氮沉降敏感性较强。因此,库区应在工业废水、生活污水等人为污染源控制住以后,有必要考虑大气氮沉降对库区水体富营养化的影响,实现流域氮素综合控制和管理,从根本上解决流域水体富营养化问题。

参考文献

[1] English P B, Ross Z, Scalf R, et al. Nitrogen dioxide prediction in Southern California using land use regression modeling: potential for environmental health analyses[J].Journal of Exposure Science and Environmental Epidemiology, 2006, 16(2):106-114.

[2] Hall J, Bull K, Bradley I. Status of UK critical loads and exceedances: PART 1—critical loads and critical loads maps[R].Centre for Ecology and Hydrology(CEH), UK,1998.

[3] Hettelingh J P, Posch M, De Smet PA M, et al. The use of critical loads in emission control agreement in Europe[J].Water, Air and Soil Pollution,1995,85:2381-2388.

[4] Posch M, Duan L, Reinds G J, et al. Critical loads of nitrogen and sulphur to avert acidification and eutrophication in Europe and China[J].Landscape Ecology,2015, 30:487-499.

[5] Reynolds B, Wilson E J, Emmett B A. Evaluating critical loads of nutrient nitrogen and acidity for terrestrial systems using ecosystem scale experiments (NITREX)[J]. Forest Ecology and Management,1998, 101:81-94.

[6] Rosen K, Gundersen P, Tegnhammar L, et al. Nitrogen enrichment of Nordic forest ecosystems [J]. Ambio,1992,21(5): 364-368.

[7] Sullivan T J, Cosby B J, McDonnell T C, et al. Critical loads of acidity to protect and restore acid-sensitive streams in Virginia and West Virginia[J].Water, Air, & Soil Pollution,2012,223:5759-5771.

[8] 常运华, 刘学军, 李凯辉, 等. 大气氮沉降研究进展[J].干旱区研究,2012,29(6):972-979.

[9] 陈祥伟, 陈立新, 刘伟琦. 不同森林类型土壤氮矿化的研究[J].东北林业大学学报,1999,27(1): 5-9.

[10] 段雷, 郝吉明, 谢绍东, 等. 用稳态法确定中国土壤的硫沉降和氮沉降临界负荷[J].环境科学, 2002,23(2):7-12.

[11] 段雷, 冼献波, 李丕学. 湛江地区土壤硫沉降和氮沉降临界负荷区划[J].中国科技论文在线, 2007,7:530-535.

[12] 郝吉明, 齐超龙, 段雷, 等. 用SMB法确定中国土壤的营养氮沉降临界负荷[J].清华大学学报(自然科学版),2003,6:849-853.

[13] 李太魁, 张香凝, 寇长林, 等. 丹江口库区坡耕地柑橘园套种绿肥对氮磷径流流失的影响[J].水土保持研究,2018,25(2):94-98.

[14] 施亚星, 吴绍华, 周生路, 等. 基于环境效应的土壤重金属临界负荷制图[J].环境科学,2015,36 (12):4600-4608.

[15] 宋欢欢, 姜春明, 宇万太. 大气氮沉降的基本特征与监测方法[J].应用生态学报,2014,25(2): 599-610.

[16] 孙成玲, 谢绍东. 珠江三角洲地区硫和氮沉降临界负荷研究[J].环境科学,2014,35(4):1250-1255.

[17] 王立辉, 黄进良, 杜耘.南水北调中线丹江口库区生态环境质量评价[J].长江流域资源与环境, 2011,2:161-166.

[18] 熊毅, 李庆逵. 中国土壤[M].2 版. 北京:科学出版社,1987.

[19] 叶雪梅, 郝吉明, 段雷, 等. 中国主要湖泊营养氮沉降临界负荷的研究[J].环境污染与防治, 2002,1:54-58.

[20] 周立峰. 大气氮沉降对白溪水库饮用水源水质影响研究[D]. 宁波：宁波大学, 2012.

[21] 周旺明, 郭焱, 朱保坤, 等. 长白山森林生态系统大气氮素湿沉降通量和组成的季节变化特征[J].
　　　生态学报, 2015, 35(1)：158-164.

第 6 章　丹江口库区小流域氮素流失关键源区的识别

6.1　引　言

工业革命以来,人类活动向环境中输入的氮素持续增加,过量的氮随大气沉降、地表径流、生活污水、工业废水等过程进入水生系统,造成水体氮素浓度持续上升,引发水体污染及富营养化问题。如今水体污染问题已成为全球水生生态系统面临的普遍威胁,严重影响到世界经济发展和人类用水安全。随着点源污染的逐步控制,非点源污染已成为影响水体质量的主要污染源(李如忠等,2014;Csathó et al.,2007)。美国环保局研究报告显示,非点源污染是造成美国江河湖泊污染的最主要来源;丹麦 270 条河流中,94%的氮负荷、52%的磷负荷均来自非点源污染;我国密云水库、于桥水库、巢湖、洱海、滇池等水体污染问题也主要由非点源污染引起。氮素作为造成水体富营养化的最主要养分元素之一,加强非点源氮素污染治理成了水污染控制的关键和全球关注的热点(耿润哲等,2014)。十八大把生态文明建设纳入中国特色社会主义事业"五位一体"布局,首次把"美丽中国"作为生态文明建设的宏伟目标。基于此,被称为"水十条"的《水污染防治行动计划》发布,突出强调了流域、城市黑臭水体的治理,改善水质。因此,加强流域非点源氮素污染控制和治理是我国生态文明建设,实现"美丽中国"宏伟目标的重要工作内容。丹江口库区是我国南水北调工程的源头,对库区水质要求很高,然而库区农村小流域农业生产活动、家禽养殖、生活垃圾和废水肆意排放等因素导致非点源氮磷污染日益严重,而且人类高强度活动导致高氮沉降,均给库区水质安全造成严重威胁,开展丹江口库区小流域非点源氮污染风险评估,识别流域氮素流失高风险区,进而实现流域氮素流失综合治理,改善库区流域水体质量和缓解库区水环境的压力具有重要现实意义。

非点源污染受土壤、气候、地形、土地利用、耕作措施与管理方式等多方面影响(Arnau-Rosalén et al., 2008),具有来源分散、发生随机、影响滞后、输送途径广泛等特点,决定了其治理难度大、成本高(Obermann et al., 2009)。长期以来,国内外学者在非点源污染的治理方面进行了大量理论和应用研究,但是由于非点源污染治理过程中受到财力、物力限制,治理成效往往不佳。为此,近年来人们逐步开始关注流域中氮磷流失的"关键源区"(赵丽平等,2012;张展羽等,2013),并将其作为流域非点源污染治理的优先控制区,期望降低治理成本,提高治理效果。研究发现,流域氮素流失主要来源于流域一些特殊景观斑块,这些斑块被称为氮素流失的关键源区(Gburek et al.,1998;Ulén et al.,2001)。识别区域氮素流失风险最大的关键源区,并将其作为水环境污染治理的优先控制区,将有限资源投入到这些对水体危害可能性最大而范围相对较小的高风险区域进行重点治理,可大大降低治理难度和提高治理成效(张平等,2011)。因此,通过识别流域氮素流失的关键源区,并将其划定为优先控制区对于流域非点源氮素污染治理具有重要现实意义。

氮流失的关键源区识别的最有效方法是开展非点源氮流失风险评估,是针对流域内不同景观斑块,评价氮素发生流失并进入水体形成非点源污染的可能性大小,并确定流域内氮磷流失的关键源区,有针对性地实施控制措施,达到有效控制非点源污染的目的。国内外在这方面开展了很多工作,并开发提出了一些具体的评价方法,应用最广泛的有生态机理模型法和指数法。生态机理模型法(如 SWAT 模型、AnnAGNPS 模型、DNDC 模型等)主要通过详细的流域基础资料设定和校准模型参数,对流域非点源污染的形成、迁移、转化过程进行时间和空间上的定量模拟,定量确定流域氮磷流失的关键源区(盛盈盈等,2015),并对各种管理措施的控制效果进行评估,目前已成为非点源污染控制和管理的重要手段。生态机理模型法可定量认识生态系统复杂过程,估算氮素流失量的空间差异,可精确圈定流域养分流失的关键源区,但在模拟养分流失的复杂物理、化学与生物过程中,模型对基础数据要求非常高,难以在资料缺乏的地区运用。如 SWAT 模型包括水文、气象、泥沙、土壤、作物生长、养分、农药、杀虫剂和农业管理等多个组件,由 701 个数学方程、1 013 个中间变量组成,模型运行所需数据库的建立十分困难。结构复杂、使用经济性不强成了生态机理模型推广运用的重要瓶颈(Parajuli et al.,2009)。

氮素流失过程是一个涉及地形、土壤、降水、土地利用类型等多因素的复杂过程,对其风险评估要保证结果的可靠性和准确性,也要保证数据的易获取性、分析操作的简便性和经济可行性。鉴于此,1993 年,Lemunyon 等首先在田间尺度上选择磷流失的“源因子”和“迁移因子”,通过专家打分法确定各因子的风险权重和风险等级值,建立“磷指数法”识别磷流失的敏感区域,并采取措施对其优先控制。在此基础上,学者们针对不同地区和尺度对模型进行了改进,并在美国和欧洲的磷流失风险评估中广泛应用(Hughes et al.,2005;Bechmann et al.,2007)。目前,指数法已扩展应用于氮素流失的评估研究中(Heath-waite et al.,2000;Figueroa et al.,2009;李如忠等,2014)。由于指数法相关因子确定较为容易,无须大量基础数据的支撑,操作简单、实用性强,可方便管理者在资料相对缺乏的区域实现关键源区和优先控制区的快速识别确定(Heckrath et al.,2008;Sonmez et al.,2009)。因此,本章将在现有氮指数法相关研究基础上,以丹江口库区为研究区域,根据区域特征构建区域氮流失风险评估指数法,选择数据资料相对丰富的老城镇小流域为研究对象开展氮素流失风险评估,从而为库区小流域氮素流失关键源区的快速识别和优先控制区的划定提供参考依据。

6.2　研究方法

氮指数法是综合考虑影响区域非点源氮污染的主要因子,评价流域不同区域发生氮素流失危险性高低的一种方法。该方法将影响氮素流失的因子归为“源因子”和“迁移因子”,根据各种影响因子对氮素流失的贡献大小赋予相应的权重,并将各种因子划分为若干等级,按照相应等级的分值和一定的规则,计算氮素流失的潜在危险性指数。本研究中源因子主要考虑土壤中氮素的含量、氮肥的施用量、有机肥施用量,迁移因子主要考虑土壤侵蚀的状况、流域排水沟的特征。研究数据主要包括流域土地利用结构图、土壤硝态氮空间分布图、土壤全氮空间分布图,基于农户调查的不同土地利用方式的施肥方式、化肥和有机肥的施肥量及 2016~2018 年流域的降水量数据。

本研究以 ArcGIS 技术为主要工具,构建氮指数法开展流域非点源氮流失风险综合评估,划定流域氮污染综合治理的优先控制区。主要步骤包括:

(1)收集研究区域数据资料,从氮流失"源因子"和"迁移因子"两个方面建立氮流失风险综合评价指标体系,根据各种指标的调查资料和流域特征确定权重与等级值。

(2)将流域进行栅格化,并对栅格内的各项指标进行量化。

(3)根据源因子和迁移因子量化各栅格内氮流失风险。

(4)输出流域非点源氮流失风险指数图,并进行排序分级,识别关键源区,划定优先控制区。

6.2.1　源因子的选择及其数据获取

6.2.1.1　土壤养分含量

土壤氮素养分含量主要选择土壤全氮和土壤硝态氮的含量,根据 2017 年对老城镇小流域 87 个采样点(其中针阔混交林 15 个、柏木林 10 个、灌草丛 10 个、旱地 42 个、菜地 5 个、居民点 5 个),采集表层土壤(0~10 cm)样品。测定土壤全氮、土壤硝态氮的含量,利用 ArcGIS 空间插值法获取研究区域的土壤全氮空间分布图和土壤硝态氮空间分布图。

6.2.1.2　土地管理方式

流域土地利用方式,特别是流域人为施肥方式和用量直接影响流域氮素流失风险,本研究通过实地农户调查走访,确定小流域的农户长期氮肥施用量、施肥时间、施肥方式、化肥/农家肥施用方式、耕作措施等。

6.2.2　迁移因子的选择及其数据获取

本书研究考虑的迁移因子主要包括土壤侵蚀指数、距离河流(沟渠)距离等。

6.2.2.1　土壤侵蚀指数计算

土壤侵蚀状况是非点源氮素迁移的关键因子,本书采用修正土壤侵蚀模型(RUSLE)计算研究区域土壤侵蚀指数。其计算方式为

$$A = R \times K \times LS \times C \times P \tag{6-1}$$

式中:A 为年土壤流失量,t/hm^2;R 为降水和径流因子,MJ·mm/(hm^2·h·a);K 指土壤侵蚀性因子,t·h/(MJ·mm);LS 为坡度和坡长因子;C 为植被与经营管理因子;P 为水土保持措施因子。

1.降水量和径流因子

由于研究区域详细降水过程资料难以获取,本研究采用 Wischmeier 经验公式,应用年均降水量和月降水量数据计算降水量和径流因子。

$$R = \sum_{i=1}^{12} \left(1.735 \times 10^{\left(1.5 \lg \frac{p_i^2}{p} - 0.818\,8\right)} \right) \tag{6-2}$$

式中:P 为年均降水量,mm;P_i 为月降水量,mm;计算出的 R 的单位为 MJ·mm/(hm^2·h·a)。

本书采用老城镇小流域逐月降水量数据资料作为研究区域降水量资料（见表6-1），计算研究区域的降水量和径流因子 R 值。

表6-1　丹江口库区老城镇小流域月降水量数据

年份	1月	2月	3月	4月	5月	6月	7月	8月	9月	10月	11月	12月
2016	9.3	15.2	18.8	49.6	72.5	52.2	99	59.8	78.8	125.6	29.6	13.8
2017	9.6	18.6	45.1	86.5	81.8	131.7	160.7	126.6	190.5	191.8	10.9	0.9
2018	61.3	17.7	25.2	28.7	203.7	153.9	66.4	87.4	66.1	0.1	47.9	22.4
均值	26.7	17.2	29.7	54.9	119.3	112.6	108.7	91.3	111.8	105.8	29.5	12.4

2.土壤侵蚀性因子

土壤侵蚀性因子 K 反映了土壤对侵蚀应力分离和搬运作用的敏感程度。宋轩等（2011）对丹江口库区流域不同土地利用类型的土壤可蚀性进行了研究，由于本书研究老城镇小流域属于丹江口库区小流域，因此本书采用上述研究成果，黄棕壤 K 取值为0.399 8 t·h/（MJ[1]·mm），石灰土 K 取值为0.394 t·h/（MJ·mm）。

3.坡度和坡长因子

坡度和坡长因子表示坡度和坡长对侵蚀力的影响，计算公式如下：

$$LS = \left(\frac{\lambda}{72.6}\right)^m \left[65.4(\sin\theta)^2 + 5.46\sin\theta + 0.065\right] \tag{6-3}$$

其中，m 的现行推荐值一般采用下式确定：

$$m = \begin{cases} 0.5 & S \geqslant 5\% \\ 0.4 & 3\% \leqslant S < 5\% \\ 0.3 & 1\% \leqslant S < 3\% \\ 0.2 & S < 1\% \end{cases} \tag{6-4}$$

式（6-3）和式（6-4）中：λ 为坡长，m；θ 为倾斜角，（°）；S 为坡度百分比。本章首先利用ArcGIS中的坡度提取功能提取坡度百分比，根据坡度百分比确定 m 的取值，然后计算坡度和坡长因子，最后利用 ArcGIS 中的栅格计算工具，根据式（6-3）计算出坡度和坡长因子值。

4.植被与经营管理因子

植被与经营管理因子受到植被类型、作物轮作、耕作活动、地形地貌因子、降雨因子、土壤母质状况等多种因素的影响。本章采用前人研究成果确定植被与经营管理因子取值，其中坡耕地为0.22，阔叶林为0.06，针叶林为0.15，灌丛和草地为0.20，居民点为0.02。通过 ArcGIS 软件，根据老城镇小流域的具体土地利用状况进行赋值，得到老城镇小流域不同土地利用的植被与经营管理因子值图层。

5.水土保持措施因子

水土保持措施因子是表示在实施了土壤保持措施以后的土壤流失量与顺坡种植时的土壤流失量的比值，根据前人研究成果，本章确定水土保持措施因子 P 值，其中坡耕地为

0.6,阔叶林为 0.006,针叶林为 0.15,灌丛和草地为 0.20,居民点为 1,平地为 0.8。通过 ArcGIS 软件,根据老城镇小流域的具体土地利用状况进行赋值,得到老城镇小流域不同土地利用的水土保持措施因子值图层。

6.2.2.2 距离河流(沟渠)距离

流域沟渠和溪流是流域氮素营养物进入水体的主要通道,潜在氮素污染源区距离受纳水体的远近程度是影响氮素迁移的重要因子(刘洁等,2017;张世文等,2012)。距离受纳水体越远,在氮素迁移过程中被截流和稀释的可能性越大,氮素流失的潜在风险也就越低;反之,距离受纳水体越近,氮素越容易进入受纳水体,氮素迁移流失的潜在风险越高。本书利用 ArcGIS 的水文分析模块,将流域 DEM 数据生成水系河网图,再运用 Euclidean Distance 工具,以水系河网为输入数据,得到距离因子。

6.2.3 氮流失风险指数的确定

将选取的"源因子"和"迁移因子"划分为无、低、中、高、极高等不同等级,依据参考文献和专家咨询,确定其等级分值,并通过专家打分法确定各因子的权重(见表 6-2),然后根据式(6-5)计算氮流失的风险指数:

$$I = \sum (S_i \times W_i) + \sum (T_j \times W_j) \tag{6-5}$$

式中:I 为氮指数值;S_i 为源因子评价指标 i 对应的等级分值;W_i 为源因子评价指标 i 相应的权重;T_j 为迁移因子评价指标 j 对应的等级分值;W_j 为迁移因子评价指标 j 相应的权重。

表 6-2 流域氮指数评价主要指标体系

因子	因素	权重	类型	氮流失风险值				
				低	较低	中	较高	高
迁移因子	土壤侵蚀指数	0.15	特征	<5	5~10	10~15	15~25	>25
			等级值	0.2	0.4	0.6	0.8	1
	距离沟渠距离(m)	0.1	特征	>500	200~500	100~200	50~100	>50
			等级值	0.2	0.4	0.6	0.8	1
源因子	土壤全氮(g/kg)	0.15	特征	<0.5	0.5~0.8	0.8~1.5	1.5~2.5	>2.5
			等级值	0.2	0.4	0.6	0.8	1
	土壤硝态氮(mg/kg)	0.15	特征	<5	10~15	15~20	20~25	>25
			等级值	0.2	0.4	0.6	0.8	1
	氮肥施用量(kg/km²)	0.25	特征	<100	100~150	150~300	300~600	>600
			等级值	0.2	0.4	0.6	0.8	1
	有机氮肥施用量(kg/km²)	0.20	特征	<10	10~15	16~30	31~45	>46
			等级值	0.2	0.4	0.6	0.8	1

应用 ArcGIS 自然分割法将综合指数划分为无风险、低风险、中风险、高风险和极高风险区等不同风险等级,本章认为可将高风险和极高风险区域作为流域氮素流失控制管理的优先控制区,集中有限财力和物力优先治理,提高治理成效,降低治理成本。

6.3　结果与分析

6.3.1　流域氮流失因子空间分布特征

6.3.1.1　流域氮流失"源因子"空间分布特征

根据野外土壤样品土壤全氮和硝态氮含量数据,利用 ArcGIS 空间插值法生成源因子分布图。研究结果表明,老城镇小流域针阔混交林、居民点、柏木林、灌草丛、菜地和旱地的土壤全氮含量均值分别为 1.204 9 g/kg、1.195 2 g/kg、1.053 g/kg、1.037 8 g/kg、0.959 6 g/kg、0.939 g/kg;老城镇小流域针阔混交林、居民点、柏木林、灌草丛、菜地和旱地的土壤铵态氮含量均值分别为 4.69 mg/kg、8.00 mg/kg、12.54 mg/kg、11.96 mg/kg、4.16 mg/kg、3. 22 mg/kg;老城镇小流域针阔混交林、居民点、柏木林、灌草丛、菜地和旱地的土壤硝态氮含量均值分别为 18.25 mg/kg、23.89 mg/kg、4.21 mg/kg、3.36 mg/kg、32.08 mg/kg、18.22 mg/kg。

研究结果显示,土壤全氮含量低于 0.95 g/kg 的区域占流域总面积的 2.23%,土壤全氮含量为 0.95~1.0 g/kg 的区域占流域总面积的 34.17%;土壤全氮含量为 1.0~1.05 g/kg 的区域占流域总面积的 31.72%;土壤全氮含量为 1.05~1.1 g/kg 的区域占流域总面积的 28.19%;土壤全氮含量大于 1.1 g/kg 的区域占流域总面积的 3.69%。土壤全氮高值区主要分布在流域的针阔混交林、柏木林、灌草丛等区域,土壤全氮低值区主要位于流域耕地区域。

土壤铵态氮含量小于 3.0 mg/kg 的区域占流域总面积的 9.26%;土壤铵态氮含量为 3.0~5.5 mg/kg 的区域占流域总面积的 39.82%;土壤铵态氮含量为 5.5~8.0 mg/kg 的区域占流域总面积的 47.39%;土壤铵态氮含量大于 8.0 mg/kg 的区域占流域总面积的 3.53%。土壤铵态氮空间分布结果表明,流域土壤铵态氮较高的区域主要为针阔混交林、柏木林和灌草丛等人为活动较小的区域,人为活动强烈的耕地土壤铵态氮含量却较低。

土壤硝态氮含量小于 13 mg/kg 的区域占流域总面积的 7.83%;土壤硝态氮含量为 13~17 mg/kg 的区域占流域总面积的 59.95%;土壤硝态氮含量为 17~21 mg/kg 的区域占流域总面积的 29.45%;土壤硝态氮含量大于 21 mg/kg 的区域占流域总面积的 2.77%。流域硝态氮空间分布特征表明土壤硝态氮高值区主要位于人为活动强烈的耕地和针阔混交林区域。

6.3.1.2　流域土壤侵蚀风险空间分布特征

图 6-1 显示了老城镇小流域土壤侵蚀风险情况,通过 ArcGIS 软件栅格计算可知,流域土壤侵蚀低风险区、中风险区和高风险区分别占流域总面积的 41.48%、38.59% 和

19.93%。总体来说,流域土壤侵蚀风险较高,中风险区、高风险区占流域总面积的 58.52%,因此流域应该重点加强中高风险区的土壤侵蚀的控制,通过采取保护措施降低流域整体的土壤侵蚀风险。图 6-2 显示了老城镇小流域的土地利用方式空间分布情况,可见老城镇小流域土壤侵蚀中高风险区主要分布在流域中上部的灌草丛、针叶林、针阔混交林区域以及部分坡耕地区域。

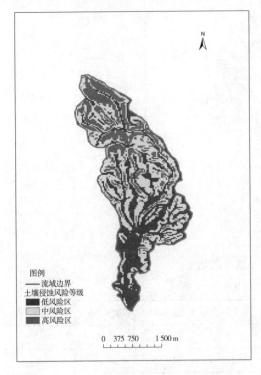

图 6-1　老城镇小流域土壤侵蚀风险情况

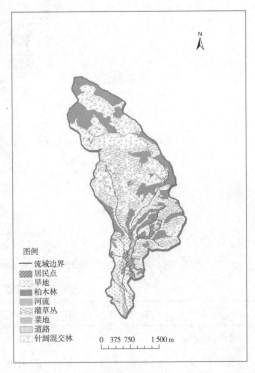

图 6-2　老城镇小流域土地利用方式

图 6-3 显示了老城镇小流域的流域坡度分级情况,老城镇小流域属于典型的丘陵地貌,地形坡度较大,其中 0°~5°、5°~10°、10°~15°、15°~20°、20°~25° 和 25° 以上的区域分别占流域总面积的 8.58%、15.15%、17.76%、19.04%、19.55% 和 19.92%(见表 6-3)。流域土壤侵蚀风险状况分布与流域地形空间分布具有较好的一致性,其中坡度大于 25° 的区域多为不宜种植的区域,该区域土地利用类型也多为柏木林、针阔混交林和灌草丛等,土壤侵蚀风险较高。此外,还包括流域少数坡度较大,地势险峻区域种植农作物,如芝麻、红薯的坡耕地地带,该类区域土壤受到坡度和人为耕作影响,土壤侵蚀风险也非常高。总体来说,流域低洼地带以及流域南部区域地势相对较为平坦,且该类区域多为居民点和梯地(主要种植红薯、芝麻和玉米等农作物),土壤侵蚀状况相对较轻,这与张平等(2011)对密云水库沿湖集约化农区东庄小流域水土流失状况研究结果一致,即东庄小流域土壤侵蚀低风险区主要集中在农田和村庄。由于流域面积较小,降水空间分布差异较小,流域地形地貌以及直接决定流域植被覆盖和保护措施的土地利用方式成了影响流域土壤侵蚀风险空间差异的主要因素。

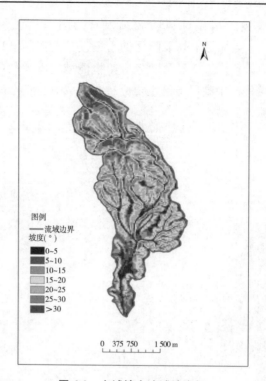

图 6-3　老城镇小流域坡度级

表 6-3　老城镇小流域坡度分级

坡度分级(°)	0~5	5~10	10~15	15~20	20~25	25~30	30 以上
面积(km²)	0.59	1.05	1.23	1.31	1.35	0.97	0.40
比例(%)	8.58	15.15	17.76	19.04	19.55	14.11	5.81

6.3.1.3　排水沟性质及距离排水沟距离

由于研究区排水沟均为自然排水沟渠,沟渠岸堤容易发生侵蚀,因此径流产生后风险等级较高。由图 6-4 可知,距离排水沟的距离不同土壤侵蚀、氮迁移风险差异较大,距离排水沟越近,风险等级越高,距离排水沟越远,风险等级越小,这主要是由于距离排水沟越远,泥沙、氮素等在迁移过程中被不断截留,流失风险将降低,但是距离排水沟距离越近,泥沙和氮素越容易直接进入排水沟渠,进而最终进入受纳水体的可能性越高,风险也越强。

6.3.2　流域氮指数空间分布特征与等级分区

6.3.2.1　流域氮指数空间分布特征

从源因子层面看,由于水文、气象条件以及作物生长等的影响,不同施肥量、施肥方式和施肥时间等带来的氮素流失风险也不相同;从迁移因子层面来看,土壤侵蚀情况、距离水体远近等因素,同样影响氮素流失风险的差异。为此,考虑将源因子和迁移因子按照可能带来风险程度的差异,将其划分为低、较低、中等、较高和高等 5 个等级,并赋予相应的

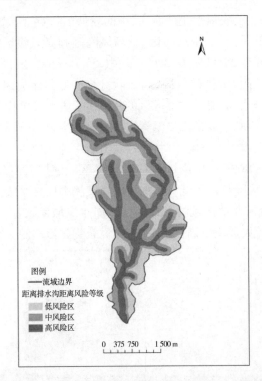

图 6-4　老城镇小流域距离排水沟距离空间分布

分值,即分别为 0.2 分、0.4 分、0.6 分、0.8 分和 1.0 分,也就是不同等级值表示相应的氮流失风险的可能性不同。在此基础上,利用式(6-5)可以计算得到各采样点相应的氮指数值。如图 6-5 所示,不同土地利用类型条件下土壤氮流失指数差异较为明显,且不同土地利用方式条件下土壤氮流失指数呈以下顺序:菜地(0.79±0.07)>旱地(0.71±0.08)>针阔混交林(0.37±0.05)>柏木林(0.23±0.04)>灌草丛(0.16±0.04)。

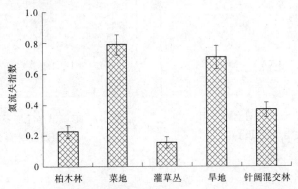

图 6-5　老城镇小流域不同土地利用方式氮流失风险特征

6.3.2.2　流域氮指数等级分区

　　根据各采样点相应的氮指数值,结合氮流失风险等级阈值,利用基于 ArcGIS 的 Kriging 插值软件,绘制老城镇小流域氮流失风险指数分布图和氮流失风险等级图。图 6-6 和图 6-7 分别显示了老城镇小流域氮流失指数的空间分布特征和氮流失等级分区。结果表明,老城镇小流域的氮流失风险呈南北高、中间较低的特点,流域氮素流失总体风险较高,其中低风险区、较低风险区、中风险区、较高风险区和高风险区分别占流域总面积的16.49%、17.49%、21.76%、25.98%、18.28%。其中,55.74%的区域处于氮流失的中低风险区域,44.26%的区域处于氮流失的较高、高风险区域。氮素流失风险较高的区域主要集中在流域南部区域的耕地,而流域北部区域的林地由于土壤侵蚀指数较高,氮素流失风险也较高,表明耕地人为施肥过度是流域氮素流失风险的主要影响因素,而林地由于土壤侵蚀较为严重导致区域氮素流失风险相对也较高,流域中部区域由于灌草丛比例较高,而老城镇小流域的灌草丛区域由于土壤十分浅薄,很多区域表层石漠化严重,水土流失量较少,也导致其氮素流失风险相对较低。根据流域氮素流失风险等级的分区,流域南部的耕地(尤其是坡耕地)、流域北部区域的林地等区域属于流域氮素流失的关键源区,该类区域在降水过程中氮素流失风险较高,应作为流域氮素优先治理的关键区域。

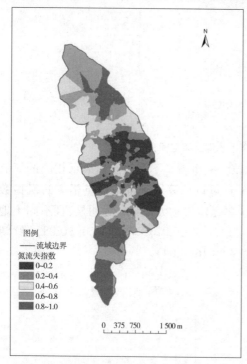

图6-6　老城镇小流域不同土地利用方式
氮流失指数空间分布

图6-7　老城镇小流域不同土地利用方式
氮流失等级分区

6.4　讨　论

通过老城镇小流域不同土地利用方式的土壤氮素养分状况调查分析发现,土地利用方式对土壤氮素养分水平的空间变异影响显著($P<0.05$)。依据第二次全国土壤普查分级标准(中华人民共和国水利部水土保持司,1997),如表6-1和表6-4所示,本研究区域的旱地、针阔混交林、菜地、柏木林、居民点和灌草丛的土壤STN含量为0.939～1.204 9 g/kg,可见研

究区域土壤总氮处于中等偏下水平(1.0~1.5 g/kg)。其中,流域针阔混交林、居民点、柏木林、灌草丛的土壤全氮含量分别为1.204 9 g/kg、1.195 2 g/kg、1.053 g/kg、1.037 8 g/kg,处于中等水平,而菜地(0.959 6 g/kg)和旱地(0.939 g/kg)的土壤全氮处于缺乏水平。

表6-4　第二次全国土壤普查分级标准

土壤质量因子指标	I(很丰富)	II(丰富)	III(中等)	IV(缺乏)	V(很缺乏)	VI(极缺乏)
STN(g/kg)	>2.0	1.5~2.0	1.0~1.5	0.75~1.0	0.5~0.75	<0.5
SOM(g/kg)	>40.0	30.0~40.0	20.0~30.0	10.0~20.0	6.0~10.0	<6.0

由于丹江口库区小流域以中、浅切割的丘陵地貌为主,土层浅薄,颗粒粗,保水保肥能力差,流域植被覆盖度较低,加之区域内年降水量分布不均,水土流失十分严重,导致流域土壤养分状况总体不佳。流域氮素流失风险评估结果表明,流域旱地、菜地和部分林地区域属于流域氮素流失的关键源区,应该作为流域氮素管理的重点对象和关键区域。同时,应该针对其氮素流失的主要决定因素,从改变流域土地利用方式、管理方式等方面加强流域氮素管理。如耕地作为流域氮素流失的关键源区,主要是由人为施肥量过度造成的,应该改变现有施肥方式和施肥量,降低其氮素流失风险,对于坡耕地要改变现有土地利用方式,如退耕还林减少人为氮素输入,或者改坡为梯,降低坡耕地的土壤侵蚀状况,从而降低氮素流失状况。柏木林的氮素流失风险高于针阔混交林区域,主要是由于该类区域植被覆盖度较低,土壤侵蚀严重,氮素流失风险升高,同时氮素流失又会导致土壤养分含量较低,这将不利于林地植被群落的更新和演替,也限制了其土壤生产力的自我恢复,这也就是库区小流域部分区域植被覆盖度越来越低,土层越来越浅薄,甚至出现石漠化现象的原因。因此,未来可加强林地落叶阔叶树种的种植和更新,提高土壤有机物输入量和土壤涵养能力,维护和改善林地土壤质量状况。

由于受到降水条件、地形地貌、人为耕作和管理等多种因素的影响,流域非点源污染存在较大的时空差异性,而识别流域氮素流失关键源区在流域氮素流失管理和控制方面具有重要作用。目前,氮素流失关键源区识别方法包括生态机理模型法和指数法两类。目前,国内外学者利用生态机理模型对流域氮素流失风险开展了较多研究,如吴家林(2013)通过SWAT模型对大沽河流域氮磷关键源区进行了识别,并提出了流域氮磷流失的整治措施;赵中华(2012)运用AnnAGNPS模型对桃江流域农业非点源污染进行了研究,识别了流域氮素流失的主要来源和关键源区。虽然目前有了很多成熟的非点源污染模型可被用来开展流域氮素流失风险评估研究,如SWAT模型、AnnAGNPS模型、改进型DNDC模型等,但这类模型也有着自身的局限性。模型自身资料数据要求高、依赖性强、参数移植困难等局限性严重限制了模型在资料缺乏的区域运用。为此,由Lemunyon等于1993年提出的一种结合GIS的磷流失潜在风险评价的方法,通过对影响磷流失的源因子、迁移因子及其相互作用进行定量评估,表征磷流失至水体的潜在风险,并以此判定磷流失的关键源区。由于指数法相关因子确定较为容易,无须大量基础数据的支持,操作简单、实用性强,可方便管理者在资料相对缺乏的区域实现关键源区和优先控制区的快速确定(王丽华等,2006),因此磷指数法便成为流域磷素流失风险评估的重要方法(Sonmez

等,2009)。在此基础上,学者们进一步提出了氮指数法以及氮磷综合指数法开展流域氮素流失风险评估以及氮磷流失综合风险评估研究。

　　本研究通过氮指数法实现了丹江口库区流域氮素流失风险评估与关键源区的识别,该方法操作简单、方便实用,但是也存在一定局限。如指数法评估结果准确与否,关键是"源因子"和"迁移因子"的选取、权重和风险等级分值确定是否合适。不同区域氮流失影响因素差异显著,需要研究者和使用者根据区域特征对相关"源因子"和"迁移因子"进行选取和修正,为此不同学者在具体研究过程中对"源因子"和"迁移因子"的选取、权重以及风险等级分值确定存在较大差异(见表6-5),存在一定的主观性(李娜等,2010;李如忠等,2014)。为此,本研究根据前人研究成果,结合流域实际情况和参数数据获取情况对"源因子"和"迁移因子"进行重新选取和权重修正,总体而言,本章运用氮指数法对老城镇小流域氮素流失风险进行评估获取了较为理想的结果。

表6-5　"源因子"和"迁移因子"的选取及其风险等级划分的相关研究

相关因子		风险等级划分					参考文献
		无	低	中	高	极高	
迁移因子	土壤侵蚀、径流等级	0.6	0.7	0.8	0.9	1.0	McDowell 等,2002
	距河流距离	0	0.4	0.6	0.8	1.0	Heathwaiet 等,2000
	土壤侵蚀、径流等级	0.6	0.7	0.8	0.9	1.0	Gburek 等,2000
	地表径流等级	0	2	4	6		Bechmann 等,2009
	洪灾频率	0	2		4		Bechmann 等,2009
	沟渠类型与可侵蚀性等级	—	1	2	—		Hart 等,2002
源因子	施肥方式和时间	0.2	0.4	0.6	0.8	1.0	Melland 等,2007
	氮、磷肥施用方式	0	0.4	0.6	0.8	1.0	McDowell 等,2002
	土壤固磷能力	—	1	2	3	—	周惠平等,2008
	化肥/农家肥施用方式	0.2	0.4	0.6	0.8	1.0	Bechmann 等,2009

6.5　主要结论

　　本章以丹江口库区典型小流域——老城镇小流域为研究对象,应用氮指数法对流域氮素流失风险进行评估研究,实现流域氮素流失风险等级划分,识别区域氮素流失关键源区,以期为流域氮素流失综合治理、改善农村小流域水体质量和缓解库区水环境的压力提供依据。主要结论如下:

　　(1)老城镇小流域的氮流失风险呈南北高、中间较低的特点,流域氮素流失总体风险较高,其中低风险区、较低风险区、中风险区、较高风险区和高风险区分别占流域总面积的16.49%、17.49%、21.76%、25.98%、18.28%。其中,55.74%的区域处于氮流失的中低风险区域,44.26%的区域处于氮流失的较高、高风险区域。流域氮素流失风险总体较高,其中氮素流失高风险区主要集中在流域耕地和林地区域,这主要是耕地人为活动强烈,特别是人为施肥量较大增加了氮素的流失,而流域北部区域的林地虽然土壤氮素含量较低,但是坡度较大,水土流失较为严重,导致其土壤氮流失也较为严重。

(2)人为施肥过度是导致流域耕地氮素流失风险较高的主要原因,而植被覆盖度较低、土壤侵蚀较为严重是林地氮素流失风险较高的主要影响因素,因此未来流域氮素流失综合治理应该根据不同区域氮素流失的主要原因采取针对性措施,如耕地应减少人为施肥,同时坡耕地应变坡地为梯地;林地氮素流失风险较高的区域应加强植被恢复,提高植被覆盖度,增强其水土保持能力。土壤氮素流失风险相对较低的灌草丛区域主要是由于研究区域的灌草丛区域土壤十分浅薄,甚至石漠化十分严重,表层几乎没有土壤,导致其土壤氮素流失风险较低,但是该类区域土壤浅薄,不利于土壤生产力的改善和更新,也严重限制了区域生态系统质量的提高。

(3)基于指数法的流域氮素风险评估为流域氮素流失关键源区的快速识别提供了简便的方法,也为流域氮素管理决策的制定提供了科学依据。

参考文献

[1] Arnau-Rosalén E, Calvo Cases A, Boix-Fayos C, et al. Analysis of soil surface component patterns affecting runoff generation. An example of methods applied to Mediterranean hillslopes (Alicante, Spain) [J]. Geomorphology, 2008, 101(4):595-606.

[2] Bechmann M E, Staalncke P, Kvrn S H. Testing the Norwegian phosphorus index at the field and sub-catchment scale[J].Agriculture, Ecosystems & Environment, 2007, 120(2-4):117-128.

[3] Csathó P, Sisák I, Adimszky L, et al. Agriculture as a source of phosphorus causing eutrophication in Central and Eastern Europe[J]. Soil Use and Management, 2007,23(S1): 36-56.

[4] Figueroa V U, Delgade J A, Cueto-Wong J, et al. A new nitrogen index: an adaptive management tool for reducing nitrogen losses to the environment from mexican forage production systems[J].Soil and Water, 2009.

[5] Gburek W J, Sharpley A N .Hydrologic controls on phosphorus loss from upland agricultural watersheds[J]. Journal of Environmental Quality, 1998, 27:267-277.

[6] Gburek W J, Sharpley A N, Heathwaite L,et al. Phosphorus management at the watershed scale: a modification of the phosphorus index[J].Journal of Environmental Quality,2000,29(1): 130-144.

[7] Hart M R, Elliott S, Petersen J, et al. Assessing and managing the potential risk of phosphorus losses from agricultural land to surface waters. In: Currie, L.D., Loganathan, P. (Eds.), dairy farm soil management. Occasional Report No. 15. Fertiliser and Lime Research Centre, Massey University, Palmerston North, New Zealand, 2002, 155-166.

[8] Heathwaite L, Sharpley A, Gburek W, et al. A conceptual approach for integrating phosphorus and nitrogen management at watershed scales[J].Journal of Environmental Quality, 2000, 29(1):158-166.

[9] Heckrath G, Bechmann M E, Ekholm P,et al. Review of indexing tools for identifying high risk areas of phosphorus loss in Nordiccatchments[J].Journal of Hydrology,2008, 349(1-2):68-87.

[10] Hughes K J, Magette W L, Kurz I. Identifying criti cal source areas for phosphorus loss in Ireland using field and catchment scale ranking schemes[J].Journal of Hydrology, 2005,304:430-445.

[11] Lemunyon J L, Gilbert R G. The concept and need for a phosphorus assessment tool[J]. Journal of Production Agriculture,1993, 6(4): 483-486.

[12] Mcdowell R W, Sharpley A N, Kleinman P. Integrating phosphorus and nitrogen decision management at watershed scales[J].Journal of the American Water Resources Association, 2002, 38(2):479-491.

[13] Melland R, Smith A, Waller R. Farm nutrient loss index:A nitrogen and phosphorus loss index for the Australian grazing industries. User Manual. Department of Primary Industries, Ellinbank, Victoria,2007.

[14] Obermann M, Rosenwinkel K H, Tournoud G M. Investigation of first flushes in a medium-sized Mediterranean watershed[J]. Journal of Hydrology,2009,373:405-415.

[15] Parajuli P B, Nelson N O, Frees L D, et al. Comparison of AnnAGNPS and SWAT model simulation results in USDA-CEAP agricultural watersheds in south-central Kansas[J]. Hydrological Process, 2009, 23:748-763.

[16] Sonmez O, Pierzynski G M, Frees L, et al. A field-basedassessment tool for phosphorus losses in runoff in Kansas[J].Journal of Soil and Water Conservation, 2009,64(3):212-222.

[17] Ulén B, Johansson G, Kyllmar K. Model predictions and long-term trends in phosphorus transport from arable lands in Sweden[J].Agricultural Water Management, 2001, 49:197-210.

[18] 耿润哲, 王晓燕, 赵雪松, 等. 基于模型的农业非点源污染最佳管理措施效率评估研究进展[J]. 生态学报,2014,34(22):6397-6408.

[19] 李娜, 郭怀成. 农业非点源磷流失潜在风险评价—磷指数法研究进展[J].地理科学进展,2010,29(11):1360-1367.

[20] 李如忠, 邹阳, 徐晶晶,等. 瓦埠湖流域庄墓镇农田土壤氮磷分布及流失风险评估[J].环境科学, 2014,35(3):1051-1059.

[21] 刘洁, 庞树江, 何杨洋, 等. 基于小流域产流特征的磷流失关键源区识别[J].农业工程学报, 2017,33(20):241-249,315.

[22] 盛盈盈,赖格英,李世伟. 基于 SWAT 模型的梅江流域非点源污染时空分布特征[J].热带地理, 2015,35(3):306-314.

[23] 宋轩, 马永力, 赵彦锋, 等. 基于 GIS 和 RS 的淅川县丹江口流域土壤侵蚀评价[J].郑州大学学报(理学版),2011,43(2):119-124.

[24] 王丽华, 王晓燕, 张志铎, 等. 磷指数法—PI(P Index)的修正及应用[J].首都师范大学学报(自然科学版),2006,27(2):85-88.

[25] 吴家林. 大沽河流域氮磷关键源区识别及整治措施研究[D].青岛:中国海洋大学,2013.

[26] 张平, 高阳昕, 刘云慧, 等. 基于氮磷指数的小流域氮磷流失风险评价[J].生态环境学报,2011,20(Z1):1018-1025.

[27] 张世文, 王朋朋, 叶回春, 等. 基于数字土壤系统的县域土壤磷素流失风险简化评估[J].农业工程学报,2012, 28(11):110-117.

[28] 张展羽, 司涵, 孔莉莉. 基于SWAT 模型的小流域非点源氮磷迁移规律研究[J].农业工程学报, 2013,29(2):93-100.

[29] 赵丽平,杨贵明, 赵同科, 等. 鸡桑药共生模式库区土壤养分变化及流失风险[J].生态学报, 2012,32(12):3737-3744.

[30] 赵中华. 基于 AnnAGNPS 模型的桃江流域农业非点源污染研究[D].南昌:南昌大学,2012.

[31] 中华人民共和国水利部水土保持司.土壤侵蚀分类分级标准:SL190—2007[S].北京:中国水利水电出版社,2008.

第7章　丹江口库区坡耕地柑橘园套种绿肥对氮素径流流失特征的影响

7.1　引　言

我国人口众多,人均土地资源十分匮乏,特别是河南省人口密度大且社会经济发展迅速,农用土地资源十分紧张,难以满足农业发展需求,因此农民逐步开始在丘陵山区开垦坡耕地种植农作物。坡耕地是区域水土流失最主要的策源地(林超文等,2007),在降雨和径流冲刷作用下,坡耕地土壤养分主要通过地表径流和壤中流等形式汇入受纳水体(郑海金等,2018;Wang et al.,2012),这不仅降低了土壤肥力以及肥料的利用效率,而且会引起水体富营养化等问题(Zhang et al.,2011;李英俊等,2010)。另外,在实际生产中,往往出现为追求高产而过度施肥的情况,这不仅降低了肥料的利用率,而且会使得坡耕地养分流失更加严重,水体富营养化问题愈加严峻(黄东风等,2008;刘汝亮等,2012)。

随着农业活动氮肥施用量的增加,大量的人为输入氮素累积在土壤中,明显地增加了向水体释放的风险,这使得土壤氮素由增产的农学意义向非点源污染的环境意义方向转变(张红举等,2010)。目前,氮污染是仅次于气候变暖和生物多样性衰减的全球性环境威胁,而农田土壤中氮素流失是造成地表水环境污染的决定性因素,而且氮素流失(特别是硝态氮)造成的地下水污染具有隐蔽性和难恢复性(谢军飞等,2005;徐文彬等,2000;于克伟等,2000)。因此,对土壤中氮素流失的量化研究对地表水体和地下水的污染治理具有重要作用,对环境安全具有重要意义。

农业氮素流失是流域氮素流失的主要来源(Bouraoui et al.,2011;Grizzetti et al.,2012),为此农田系统氮素转化和平衡问题一直是学者们关注的热点(徐文彬等,2000)。到目前为止,学术界对农田氮素行为的研究已较为深入,大致包含3个方面的内容:一是农田土壤氮素循环过程机制研究,为系统提供理论依据并回答了科学问题,同时是进行氮素综合研究的理论基础(谢军飞等,2005)。如李俊娣等(2019)研究了长期添加外源有机物料对华北平原不同粒级土壤氮素的影响机制;宗宁等(2019)研究了模拟增温条件下对西藏高原高寒草甸土壤供氮潜力的影响机制。二是农田土壤氮素流失过程研究,有利于系统阐明氮素的转化和主要去向,也可以为氮肥合理利用提供指导。如姜世伟等(2017)研究了三峡库区消落带农用坡地氮素流失过程特征及其环境效应,并认为减少氮肥用量可以显著降低消落带农用坡地带来的环境风险,建议消落带农用地氮肥进行减量施肥,使其既不影响作物产量,又显著降低氮素流失。三是对农田土壤氮素流失过程的模型模拟研究。氮素在农田生态系统中周而复始地运动,受到一系列环境影响因子的影响,将数值模型应用到氮素研究中,能系统分析氮素迁移转化产生的时间和空间特征,识别其主要来源和迁移路径,预报污染的产生负荷及其对水体的影响,为制定最佳管理措施提供科学依据(Tonitto et al.,2009)。如赵峥等(2016)基于 DNDC 模型模拟研究了稻田氮素流失特征及其影响因素,并认为 DNDC 模型能够准确地模拟不同施肥条件下稻田的氮素流失和水稻产量;杨瑞(2018)运用 Hydrus-1D 对水稻田水分运移及氮素通过地表径流和地下排水的流失过程进行模拟,达到可以预测水稻田氮素流失的效果。

丹江口水库作为南水北调中线工程的水源地,对水质有很高的要求。但近年来,随着库区周围社会经济的发展,库区局部库湾和部分支流水质指标超过了国家地表水环境质量Ⅳ类标准,其中总氮明显超标,有明显的富营养化趋势(王立辉等,2011)。库区生态环境和水库水质的恶化必将影响到南水北调工程的调水质量,坡耕地是丹江口库区重要的耕地资源,该区域人口密集,而且强降雨多发且土层较薄,极易发生水土流失,且随着坡耕地的开发利用,坡耕地土壤养分流失问题日益加剧,造成严重的水土流失及土壤退化,迫切需要有力的防治技术措施。据研究,果园套种绿肥能改善果园土壤理化性质,增加土壤微生物数量及多样性,促进作物生长,改善土壤生态环境(张桂玲,2011;赵秋等,2013)。利用绿肥作物覆盖新生果园土壤,有效增强表面土壤的抗侵蚀能力,从而大幅度减少果园土壤养分流失,但这在丹江口库区应用效果还不太清楚。本章以丹江口库区坡耕地柑橘园为研究对象,通过种植不同绿肥品种,研究不同绿肥植被措施对丹江口坡耕地柑橘园氮素养分流失的影响,以期为库区农业非点源污染防控提供科学依据。

7.2 研究方法

7.2.1 实验样点区域概况

实验样点位于河南省南阳市淅川县上集镇贾沟村,该区域属北亚热带向暖温带过渡的季风性气候区,常年平均气温 15.8 ℃,降水集中、旱涝不均,初夏多干旱,中、后夏降水较多,雨量充沛,年降水量为 391.3~1 423.7 mm,多年平均年降水量为 804.3 mm,无霜期228 d。研究区内主要生产柑橘、小麦、玉米、红薯、谷子和大豆等,土壤为典型的黄棕壤,土壤 pH 值为 7.84,全氮含量为 1.03 g/kg,全磷含量为 0.45 g/kg,全钾含量为 18.9 g/kg。该区域土壤类型在丹江口库区具有代表性。

7.2.2 实验设计

本研究实验设计总共 4 个处理,分别为对照(不种植绿肥)处理、种植三叶草处理、种植黑麦草处理、种植苕子处理。实验小区面积 45 m²,3 次重复,随机分组排列。每个小区种植柑橘 9 棵,平均坡度为 20°,小区四周围埂并用塑料薄膜防止水土串流。三叶草、黑麦草和苕子绿肥于 2013 年 10 月 20 日播种,柑橘品种为尾张,施肥根据每个小区不同株数和面积确定施肥量,每株每年施饼肥 3 kg、尿素 0.8 kg、硫酸钾复合肥 1.2 kg,每年分两次(春季和夏季)施肥。防病治虫与除草等管理措施与当地农民习惯保持一致。

7.2.3 地表径流样品采集

本章采用自行设计的野外径流采集装置开展地表径流的样品采集工作(见图 7-1)。

地表径流采用小区径流池汇集监测,每个小区在坡底位置建一个截流槽,在截流槽的底部中间用 PVC 塑料管连接径流收集桶,用于收集地表径流和泥沙。每次产流后,在样品采集过程中,先用尺子测量桶中的径流量,用于计算降水产流量,然后将径流桶中收集的径流样品搅拌均匀,并倒入 500 mL 采样瓶中带回实验室冷冻保存,并尽快完成样品理化分析。径流样品采集完毕后将径流收集桶中的径流排干并清洗干净备用。

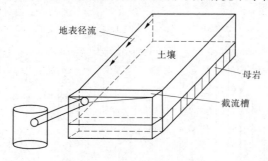

图 7-1 实验小区示意图

7.2.4 测定项目与分析方法

径流水样总氮是指水中可溶性及悬浮颗粒中的含氮量,可溶性氮是指水中可溶性及含可滤性固体(小于 0.45 μm 颗粒物)的含氮量。总氮测定时先摇匀,取水、沙混合样 10 mL,碱性过硫酸钾高温(120 ℃)消解,定容,离心,然后用紫外分光光度法测定总氮含量;水样经 0.45 μm 滤膜过滤后,采用上述方法测定即为可溶性氮含氮量,它包含溶解性无机氮(硝态氮、铵态氮、亚硝态氮)和溶解性有机氮;铵态氮采用靛酚蓝-紫外分光光度法,硝态氮采用紫外分光光度法(国家环境保护总局,2002)。2,6—二氯酚靛酚钠滴定法测定维生素 C(Vc)含量(李合生,2010),NaOH 中和滴定法测定总酸含量(李锡香等,2014),糖量计法测定可溶性固形物含量(李锡香等,2014)。单位面积养分流失量=径流水样中养分浓度×径流量/小区面积。

7.3 结果与分析

7.3.1 种植绿肥对果园地表径流量的影响

图 7-2 显示了不同处理条件下果园地表径流量的差异特征。结果表明,2014 年 5~9 月共产生地表径流 5 次,5 次降雨径流过程中,对照处理、种植三叶草处理、种植黑麦草处理、种植苕子处理平均径流量分别为 3.49 L/m²、2.62 L/m²、2.46 L/m²、3.01 L/m²。可见,种植黑麦草处理对地表径流量影响最大,径流量最小,其次是种植三叶草处理,种植苕子处理对地表径流的影响最小。可见,种植绿肥对果园地表径流的控制效果呈以下顺序:种植黑麦草处理>种植三叶草处理>种植苕子处理>对照处理。单因素方差分析表明,种植绿肥对果园地表径流产生量具有显著影响($P<0.05$),种植黑麦草处理与种植三叶草处理 5 次降雨径流量均与对照处理具有显著差异,而种植三叶草处理、种植黑麦草处理、种植

苕子处理之间径流量相当,未达到显著差异水平。与对照处理相比,种植三叶草处理、种植黑麦草处理和种植苕子处理每平方米径流量分别减少了24.7%、31.6%和13.9%。可见,种植绿肥可有效降低地表径流产生量,也说明种植绿肥对坡耕地的水土流失的控制可以起到积极作用。

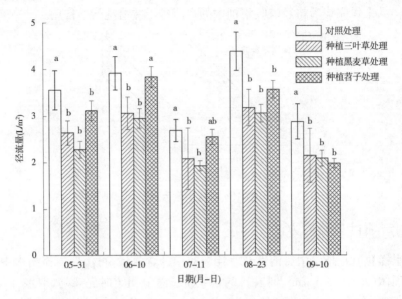

注:同系列中不同小写英文字母表示不同处理间差异显著($P<0.05$),下同

图7-2　不同绿肥处理地表径流量

7.3.2　种植绿肥对果园地表径流氮素流失浓度的影响

表层土壤养分随地表径流进入水体是农田养分流失的主要途径之一,表7-1显示了种植绿肥处理对地表径流中不同形态氮素浓度的影响。结果显示,5次降雨径流过程中,对照处理、种植三叶草处理、种植黑麦草处理、种植苕子处理的TN浓度分别为13.7~20.2 mg/L、13.2~19.5 mg/L、11.3~22.4 mg/L、11.9~16.2 mg/L;NN浓度分别为3.4~6.2 mg/L、3.8~5.2 mg/L、2.9~5.3 mg/L、2.3~5.2 mg/L;AN浓度分别为0.9~3.5 mg/L、1.9~3.7 mg/L、2.1~4.7 mg/L、1.7~3.9 mg/L。本书研究结果表明,氮素是农业非点源污染的主要因子,柑橘园地表径流中可溶性氮素占总氮的比例较高(41.5%~71.4%),平均为55.9%,而可溶性氮素又以硝态氮为主。从不同种植绿肥处理来看,5次降雨地表径流中TN平均浓度依次为对照处理(18.1 mg/L)>种植黑麦草处理(15.2 mg/L)>种植苕子处理(14.7 mg/L)>种植三叶草处理(14.6 mg/L),AN平均浓度依次为种植苕子处理(3.2 mg/L)>种植三叶草处理(3.1 mg/L)>种植黑麦草处理(2.9 mg/L)>对照处理(2.2 mg/L),NN平均浓度依次为种植三叶草处理(4.5 mg/L)>种植黑麦草处理(4.4 mg/L)>种植苕子处理(4.2 mg/L)>对照处理(3.9 mg/L)。此外,5次降雨径流过程中,对照处理、种植三叶草处理、种植黑麦草处理、种植苕子处理的悬浮物平均浓度分别为113.8 mg/L、70.8 mg/L、63.2 mg/L、68.4mg/L,结果也表明,通过种植绿植可以明显降低地表径流中的悬浮物浓度。可见,种植绿肥对果园地表径流颗粒物的迁移控制也有积极作用。

表 7-1　不同处理地表径流不同氮素形态流失浓度特征

日期（月-日）	处理	NN（mg/L）	AN（mg/L）	DN（mg/L）	TN（mg/L）	悬浮物（mg/L）
05-31	对照	4.7（28.1%）	2.0（12.2%）	7.9（47.2%）	16.7	168
	种植三叶草	3.8（28.7%）	1.9（14.6%）	6.2（46.2%）	13.4	69
	种植黑麦草	4.2（37.3%）	2.1（18.9%）	8.1（71.4%）	11.3	84
	种植苕子	4.2（26.5%）	1.7（10.7%）	7.2（45.9%）	15.6	76
06-10	对照	4.9（24.6%）	1.7（13.2%）	8.4（41.5%）	20.2	85
	种植三叶草	4.8（31.5%）	3.2（21.1%）	9.7（65.1%）	14.8	73
	种植黑麦草	4.7（29.3%）	2.7（16.6%）	9.2（57.1%）	16.2	62
	种植苕子	5.2（33.7%）	3.7（24.6%）	8.7（58.1%）	14.9	58
07-11	对照	4.2（30.4%）	0.9（6.9%）	7.2（53.3%）	13.7	109
	种植三叶草	5.2（36.2%）	3.7（25.8%）	9.2（63.9%）	14.3	93
	种植黑麦草	4.9（37.1%）	2.7（20.1%）	8.6（60.1%）	13.3	74
	种植苕子	4.6（31.5%）	3.9（26.5%）	9.6（62.5%）	14.8	81
08-23	对照	6.2（34.8%）	3.5（14.1%）	11.4（45.3%）	25.1	124
	种植三叶草	4.9（25.5%）	3.6（18.5%）	8.9（45.8%）	19.5	68
	种植黑麦草	5.3（23.5%）	4.7（20.8%）	10.3（46.5%）	22.4	54
	种植苕子	4.7（29.1%）	3.9（27.1%）	9.4（57.9%）	16.2	67
09-10	对照	3.4（23.5%）	1.9（13.4%）	6.6（45.2%）	14.7	83
	种植三叶草	4.0（36.1%）	3.3（29.4%）	8.6（62.7%）	13.2	51
	种植黑麦草	2.9（23.4%）	2.1（16.8%）	6.2（48.7%）	12.7	42
	种植苕子	2.3（19.5%）	1.9（16.2%）	7.1（58.9%）	11.9	60
平均	对照	3.9（21.7%）	2.2（12.3%）	8.3（45.9%）	18.1	113.8
	种植三叶草	4.5（31.0%）	3.1（21.4%）	8.4（57.6%）	14.6	70.8
	种植黑麦草	4.4（29.2%）	2.9（18.8%）	8.5（55.7%）	15.2	63.2
	种植苕子	4.2（28.3%）	3.2（21.9%）	8.3（56.5%）	14.7	68.4

注：括号内百分数表示不同处理地表径流中氮素各形态占总氮的比例（%）。

7.3.3　种植绿肥对果园地表径流氮素流失量的影响

本章通过野外坡地径流小区原位监测方法，研究了种植绿肥处理对径流水中氮素流失量的影响。表7-2显示了不同处理下果园地表径流氮素流失量特征,结果表明,不同处理条件下土壤氮素养分均有不同程度的流失,总氮流失量为 23.56~110.19 mg/m²,硝态氮流失量为 4.56~27.22 mg/m²,铵态氮流失量为 2.42~15.37 mg/m²。从 5 次降雨径流过程中平均氮素流失总量上分析,对照处理总氮流失量最大(63.13 mg/m²),而种植绿肥均不同程度地减少了氮流失总量,以种植黑麦草处理和种植三叶草处理减少氮素流失最明显;5 次降雨径流过程中,平均总氮流失量分别为 37.42 mg/m²、38.28 mg/m²,硝态氮流失量分别为 10.83 mg/m²、11.80 mg/m²,铵态氮流失量分别为 7.14mg/m²、8.14 mg/m²。种植苕子处理次之,5 次降雨径流过程中,平均总氮流失量为 44.28 mg/m²,硝态氮流失量为 12.65 mg/m²,铵态氮流失量为 9.64 mg/m²。与对照处理相比,种植黑麦草处理、种植三叶草处理和种植苕子处理总氮流失量分别减少 40.72%、39.36%和 29.87%,硝态氮流失量分别减少 20.37%、13.26%和 7.00%,可见种植黑麦草处理和种植三叶草处理对果园地表径流氮素流失的控制效果最为明显。

表 7-2　不同处理地表径流不同氮素形态流失通量特征

日期 (月-日)	处理	NN (mg/m²)	AN (mg/m²)	DN (mg/m²)	TN (mg/m²)	悬浮物 (mg/m²)
05-31	对照	16.73	7.12	28.12	59.45	168
	种植三叶草	10.03	5.02	16.37	35.38	69
	种植黑麦草	9.58	4.79	18.47	25.76	84
	种植苕子	13.10	5.30	22.46	48.67	76
06-10	对照	19.21	6.66	32.93	79.18	85
	种植三叶草	14.69	9.79	29.68	45.29	73
	种植黑麦草	13.87	7.97	27.14	47.79	62
	种植苕子	19.97	14.21	33.41	57.22	58
07-11	对照	11.30	2.42	19.37	36.85	109
	种植三叶草	10.82	7.70	19.14	29.74	93
	种植黑麦草	9.46	5.21	16.60	25.67	74
	种植苕子	11.73	9.95	24.48	37.74	81
08-23	对照	27.22	15.37	50.05	110.19	124
	种植三叶草	15.58	11.45	28.30	62.01	68
	种植黑麦草	16.22	14.38	31.52	68.54	54
	种植苕子	16.78	13.92	33.56	57.83	67
09-10	对照	9.79	5.47	19.01	42.34	83
	种植三叶草	8.60	7.10	18.49	28.38	51
	种植黑麦草	6.06	4.39	12.96	26.54	42
	种植苕子	4.55	3.76	14.06	23.56	60

续表 7-2

日期 （月–日）	处理	NN （mg/m²）	AN （mg/m²）	DN （mg/m²）	TN （mg/m²）	悬浮物 （mg/m²）
平均	对照	13.60	7.67	28.95	63.13	113.8
	种植三叶草	11.80	8.13	22.02	38.28	70.8
	种植黑麦草	10.83	7.14	20.93	37.42	63.2
	种植苕子	12.65	9.64	25.00	44.28	68.4

悬浮物主要包括泥沙、动植物残体、藻类和部分微生物，水体悬浮物是多种生物参与地球化学循环和迁移转化过程的重要载体，是水环境研究中的重要参数之一。本书研究结果表明，种植绿肥对地表径流悬浮物流失通量具有显著影响（$P<0.05$），种植三叶草处理、种植黑麦草处理和种植苕子处理悬浮物流失量在不同时期均低于对照处理，除 5 月 31 日降雨种植绿肥处理悬浮物显著低于对照处理外，其余各次降雨悬浮物流失量在各处理间差异不显著。同一处理在不同时期以 7 月和 8 月的悬浮物流失量较多，这可能与 7 月和 8 月地表径流产生量较多有关。

5 次降雨径流过程中，对照处理、种植三叶草处理、种植黑麦草处理、种植苕子处理悬浮物平均流失量分别为 113.8 mg/m²、70.8 mg/m²、63.2 mg/m²、68.4 mg/m²。与对照处理相比，种植黑麦草处理、种植三叶草处理和种植苕子处理悬浮物流失量分别减少 37.79%、44.46% 和 39.90%，可见，绿肥种植对地表径流中悬浮物流失的控制效果呈以下顺序：种植三叶草处理>种植苕子处理>种植黑麦草处理>对照处理。

7.3.4　种植绿肥对柑橘品质和产量的影响

种植绿肥对柑橘品质和产量也有一定的影响。从表 7-3 可以看出，种植不同绿肥处理的柑橘产量和品质均优于对照处理。产量方面，种植三叶草处理、种植苕子处理较高，分别为（35.6±3.6）t/hm²、（34.2±3.2）t/hm²，其次是种植黑麦草处理（32.7±2.7）t/hm²，对照处理最低，为（31.1±4.1）t/hm²。柑橘品质方面，与对照处理相比，种植绿肥处理能提高柑橘维生素 C 和可溶性固形物含量，降低柑橘总酸含量，其中种植三叶草处理和对照处理的柑橘总酸差异达到显著水平（$P<0.05$），其他处理差异均不显著。

表 7-3　施用经济绿肥对柑橘产量和品质的影响

绿肥作物	品质			产量 （t/hm²）
	维生素 C（mg/100 g）	可溶性固形物（%）	总酸（g/kg）	
种植苕子	46.4±5.1 a	11.8±1.3 a	6.0±0.9 ab	34.2±3.2 a
种植三叶草	45.4±4.6 a	11.5±0.9 a	5.9±0.7 b	35.6±3.6 a
种植黑麦草	44.1±3.9 a	11.7±1.2 a	8.6±1.1 a	32.7±2.7 a
对照	43.2±4.6 a	11.0±0.8 a	9.2±0.9 a	31.1±4.1 a

注：同一列标注不同小写字母表示不同处理差异显著（$P<0.05$）。

7.4 讨　论

地表径流引起的农田土壤氮素养分损失是造成农业非点源污染的主要原因之一。在降雨过程中,雨水对土壤的冲击作用可使养分随径流而发生迁移,其迁移量与降雨强度、植被覆盖、施肥方式、土壤质地和地形地貌等因素有关。大量研究结果表明,地表覆盖程度与农田养分径流流失的效果关系最为密切(Liu et al.,2012;黄河仙等,2008)。本研究结果表明,坡耕地果园的土壤侵蚀主要由地表径流引起,果园套种绿肥增加了土壤覆盖度,不仅降低了雨滴直接溅蚀地表的动能,而且增加了土壤水分渗透量,使产生的地表水快速下渗到土壤深层,消减了地表径流的产生量。对照处理植被稀疏,降雨击溅地表产生的泥沙迅速堵塞土层的自然空隙,导致降雨难以入渗到土层,增大了地表径流流失量。种植三叶草和黑麦草绿肥作物后,果园裸露的地表被三叶草和黑麦草严密覆盖,有效降低了降雨对土壤的冲刷,增强了土壤的保水能力。与种植三叶草处理和种植黑麦草处理相比,种植苕子处理的地表覆盖度相对较低,以致地表径流产生量相对较多。

众多研究表明,果园套种绿肥对径流中氮表现出较高的去除率(黄沈发等,2009;王华玲等,2010)。俞巧钢等(2012)对山地果园套种绿肥的氮磷径流分析表明,可溶性氮磷是地表径流水体中的主要形式,套种绿肥可使氮磷流失量明显降低;路青等(2015)对大豆种植区降雨径流的分析结果表明,颗粒态氮是农田养分流失的主要形式。本书对种植不同绿肥柑橘园地表径流水体氮流失分析表明,各处理中地表径流中可溶性氮素占总氮的55.3%,可溶性氮素中又以硝态氮流失为主。其原因一方面硝态氮是旱地土壤氮素的主要形态,硝态氮又极易溶于水;另一方面铵离子带正电荷,旱地土壤对铵态氮的吸附能力大于硝态氮的吸附能力,铵离子甚至可以进入黏土矿物的晶体中,成为固定态铵离子,从而使土壤中硝态氮比铵态氮更易于流失(刘宗岸等,2012)。刘毅等(2010)对坡耕地柑橘园氮磷流失的研究结果表明,土壤氮磷流失的载体不同,氮素流失的载体是径流水,而泥沙悬浮物是磷素流失的主要载体。本书研究发现降雨径流中氮素含量较高,其主要原因可能是氮素流失主要通过径流,且土壤中可溶性氮素含量较高。因此,坡耕地种植业氮的流失对水体的影响应受到重视。要控制氮流失,关键是控制降雨径流,果园套种绿肥可很好地控制地表径流的产生,最终在一定程度上也控制了土壤氮素养分的流失。

果园套种绿肥还可以稳定土壤温度及改善土壤水热条件,避免温度变化幅度过大对果树根系产生伤害,同时促进果树地上及地下部分的生长发育(寇建村等,2012)。绿肥作物收获后进行翻压,可以有效培肥土壤,促进微生物的生长与活性,改善果实品质和提高果实产量(盛良学等,2004)。从本研究可以看出,果园套种绿肥后,柑橘的维生素C、可溶性固形物和产量都明显提高,酸度则反之。种植绿肥后,改善了果树的生长环境,并且降低了果园土壤的养分流失,使得土壤含水量和叶片的叶绿素含量增加,果实品质得到改善。总体来说,在丹江口库区果园套种绿肥,可以增加果园的地表覆盖,增强果园土壤水分渗透性,降低降雨产生的地表径流,增强土壤的水土保持能力,极大提高当地农业的经济效益和生态效益,可作为丹江口库区果园大力推广的重要种植模式。

7.5　主要结论

本研究通过野外天然降雨条件下的野外径流小区观测实验,系统研究了丹江口库区坡地果园套种三叶草、黑麦草、苕子绿肥作物对土壤氮素径流流失的影响。主要结论如下:

(1)相对于对照处理,果园套种绿肥作物三叶草、黑麦草、苕子径流产生量分别减少24.7%、31.6%和13.9%,悬浮物流失量分别减少37.79%、44.46%和39.90%。可见,果园套种绿肥作物将使得土壤保水能力和固土能力明显加强。

(2)地表径流是果园氮素养分流失的主要途径,与对照处理相比,种植黑麦草处理、种植三叶草处理和种植苕子处理总氮流失量分别减少40.72%、39.36%和29.87%,硝态氮流失量分别减少20.37%、13.26%和7.00%。结果表明,果园套种绿肥作物可有效控制土壤氮素流失。

(3)对不同处理地表径流水体氮素形态特征分析表明,可溶性氮素占总氮的比例较高,可溶性氮素中以硝态氮为主,铵态氮所占比例较低。而且坡地果园套种绿肥可使土壤氮流失量明显降低,有助于水体环境的保护,同时还可改善果实品质和产量。研究结果对库区坡耕地非点源污染的控制、重点水源地的水质保护提供了定量依据。

参考文献

[1] Bouraoui F, Grizzetti B. Long term change of nutrient concentrations of rivers discharging in European seas[J]. Science of the Total Environment,2011,409(23):4899-4916.

[2] Grizzetti B, Bouraoui F, Aloe A. Changes of nitrogen and phosphorus loads to European seas[J]. Global Change Biology,2012,18(2):769-782.

[3] Li S Y, Gu S, Liu W Z. Water quality in relation to land use and land cover in the upper Han River Basin, China[J].Catena, 2008,75:216-222.

[4] Liu Y, Tao Y, Wan K Y. Runoff and nutrient losses in citrus orchards on sloping land subjected to different surface mulching practices in the Danjiangkou Reservoir area of China[J]. Agricultural Water Management, 2012, 110:34-40.

[5] Tonitto C, David M B, Drinkwater L E, et al. Application of the DNDC model to tile-drained Illinois agroecosystems: model calibration, validation, and uncertainty analysis[J].Nutrient Cycling in Agroecosystems, 2009,78(1):51-63.

[6] Wang T, Zhu B, Kuang F H. Reducing interflow nitrogen loss from hillslope cropland in a purple soil hilly region in southwestern China[J].Nutrient Cycling in Agroecosystems, 2012, 93(3):285-295.

[7] Zhang G H,Liu G B,Wang G L,et al. Effects of vegetation cover and rainfall intensity on sediment-associated nitrogen and phosphorus losses and particle size composition on the Loess Plateau[J].Journal of Soil and Water Conservation,2011,66(3):192-200.

[8] 国家环境保护总局. 水和废水监测分析方法[M].4 版.北京:中国环境科学出版社,2002.

[9] 黄东风,王果,李卫华,等. 不同施肥模式对蔬菜产量、硝酸盐含量及菜地氮磷流失的影响[J].水土保持学报,2008,22(5):5-10.

[10] 黄河仙,谢小立,王凯荣,等.不同覆被下红壤坡地地表径流及其养分流失特征[J].生态环境, 2008,17(4):1645-1649.

[11] 黄沈发,唐浩,鄢忠纯,等.三种草皮缓冲带对农田径流污染物的净化效果及其最佳宽度研究[J]. 环境污染与防治,2009,31(6):53-57.

[12] 姜世伟,何太蓉,汪涛,等.三峡库区消落带农用坡地氮素流失特征及其环境效应[J].长江流域 资源与环境,2017,26(8):1159-1168.

[13] 寇建村,杨文权,程国亭,等.行间种植不同草种对幼龄苹果园土壤特性的影响[J].干旱地区农 业研究,2012,30(4):145-152.

[14] 李合生.植物的实验原理与技术[M].北京:高等教育出版社,2000.

[15] 李俊娣,张玉铭,赵宝华,等.长期添加外源有机物料对华北平原不同粒级土壤氮素和氨基糖的 影响[J].中国生态农业学报(中英文),2019,27(4):507-518.

[16] 李锡香,宴儒来,向长萍,等.新鲜果蔬的品质及其分析方法[M].北京:中国农业出版社,1994.

[17] 李英俊,王克勤,宋维峰,等.自然降雨条件下农田地表径流氮素流失特征研究[J].水土保持研 究,2010,17(4):19-23.

[18] 林超文,陈一兵,黄晶晶,等.不同耕作方式和雨强对紫色土养分流失的影响[J].中国农业科学, 2007,40(10),2241-2249.

[19] 刘汝亮,李友宏,张爱平,等.育秧箱全量施肥对水稻产量和氮素流失的影响[J].应用生态学报, 2012,23(7):1853-1860.

[20] 刘毅,陶勇,万开元,等.丹江口库区坡耕地柑桔园不同覆盖方式下地表径流氮磷流失特征[J]. 长江流域资源与环境,2010,19(11):1340-1344.

[21] 刘宗岸,杨京平,杨正超,等.苕溪流域茶园不同种植模式下地表径流氮磷流失特征[J].水土保 持学报,2012,26(2):29-32.

[22] 路青,马友华,胡善宝,等.安徽省沿淮大豆种植区氮磷流失特征研究[J].中国农学通报,2015, 31(12):230-235.

[23] 盛良学,黄道友,夏海鳌,等.红壤橘园间作经济绿肥的生态效应及对柑橘产量和品质的影响[J]. 植物营养与肥料学报,2004,10(6):677-679.

[24] 王华玲,赵建伟,程东升,等.不同植被缓冲带对坡耕地地表径流中氮磷的拦截效果[J].农业环 境科学学报,2010,29(9):1730-1736.

[25] 王立辉,黄进良,杜耘.南水北调中线丹江口库区生态环境质量评价[J].长江流域资源与环境, 2011(2):161-166.

[26] 谢军飞,李玉娥.土壤温度对北京旱地农田 N_2O 排放的影响[J].中国农业气象,2005,26(1):7-10.

[27] 徐文彬,洪业汤,陈旭晖,等.贵州省旱田土壤 N_2O 释放及其环境影响因素[J].环境科学,2000, 21(1):7-11.

[28] 杨瑞.基于 HYDRUS-1D 模型的水稻田水分运移及氮素流失特性分析[D].北京:中国地质大学(北 京),2018.

[29] 于克伟,陈冠雄.农田和森林土壤中氧化亚氮的产生与还原[J].应用生态学报,2000,11(3):385-389.

[30] 俞巧钢,叶静,马军伟,等.山地果园套种绿肥对氮磷径流流失的影响[J].水土保持学报,2012, 26(2):6-9.

[31] 张桂玲.秸秆和生草覆盖对桃园土壤养分含量、微生物数量及土壤酶活性的影响[J].植物生态学 报,2011,35(2):1236-1244.

[32] 张红举,陈方.太湖流域面源污染现状及控制途径[J].水资源保护,2010,26(3):87-90.

[33] 赵秋,高贤彪,宁晓光,等.冬绿肥二月兰间作及翻压对北方桃园生长环境及果实品质的影响[J].中国土壤与肥料,2013,1:93-96.

[34] 赵峥,吴淑杭,周德平,等.基于 DNDC 模型的稻田氮素流失及其影响因素研究[J].农业环境科学学报,2016,35(12):2405-2412.

[35] 郑海金,左继超,奚同行,等.红壤坡地氮的径流输出通量及形态组成[J].土壤学报,2018,55(5):1168-1178.

[36] 宗宁,石培礼.模拟增温对西藏高原高寒草甸土壤供氮潜力的影响[J/OL].生态学报,2019,12:1-9[2019-04-23].http://kns.cnki.net/kcms/detail/11.2031.Q.20190401.0913.020.html.

第 8 章　秸秆覆盖与间作绿肥对丹江口库区坡地低龄茶园土壤氮素流失的影响

8.1　引　言

　　茶叶饮品被誉为世界三大饮料之一，广受人们的欢迎（何石福等，2017）。然而，氮素是茶树营养中具有重要地位的矿质养分，直接影响茶叶中氨基酸、多酚类物质和嘌呤类的生物碱等的含量和比例，并直接或间接影响这些物质在茶树体内的代谢，从而决定茶叶的产量和品质特征（Hilton et al.，2010；马立锋等，2015；王峰等，2018）。为了提高土地利用效率，增加茶叶产量，大量无机氮肥被投入到茶园土壤中。统计数据表明，我国茶园普遍存在高氮栽培现象，平均施入量高达每年 737.7 kg/hm² 纯氮（阮建云等，2001），但氮肥的利用率约为 30%（吴询等，1986）（丘陵山地红壤茶园氮素利用率更低），其余的则通过氨挥发、硝化–反硝化、淋失和地表径流等多种途径损失（Qin et al.，2011；刘宗岸等，2012；王峰等，2016），威胁环境质量，或在土壤深层累积，造成肥料浪费。此外，成年期的茶园由于植被覆盖率较高，能够有效地防止土壤侵蚀，其水土流失强度和非点源污染的危害相对较弱。但对于新开垦的低龄茶园，由于地表覆盖度较低，极易受水土流失的影响（王峰等，2018）。因此，如何降低低龄茶园水土流失及养分流失，是茶园管理初期的一项重要内容。由此可见，寻求一种经济可行的方法，提高茶树氮肥利用效率，同时减轻对茶园土壤资源与环境的破坏，成为迫切需要解决的重要问题。

　　为了控制耕地地表径流氮素流失导致的水体环境恶化问题，学术界开展了很多耕地土壤氮素养分流失控制措施研究。如薛少平等（2002）研究了麦草覆盖与地膜覆盖对旱地可持续利用的影响；高茂盛等（2010）研究了耕作和秸秆覆盖对苹果园土壤水分及养分的影响；史静等（2013）研究了混播草带控制水源区坡地土壤氮、磷流失效应；刘红江等（2012）研究了秸秆还田对农田地表径流氮、磷、钾流失的影响；杨皓宇等（2012）研究了不同农作制度对四川紫色丘陵区地表径流氮、磷流失的影响。这些研究都为当地耕地土壤氮素养分流失的控制提供了科学依据。

　　此外，为了控制茶园导致的非点源污染，国内外已有众多的学者以茶园氮素流失为研究对象开展了很多茶园水土及养分的流失过程规律的相关研究，如席运官等（2010）研究了太湖流域坡地茶园的养分径流流失规律；刘宗岸等（2012）研究了苕溪流域茶园的地表径流氮磷流失特征。同时有很多学者研究了不同降雨条件、地形地貌条件、土壤类型对茶园地表径流养分流失影响机制。如赵越等（2014）采用人工模拟降雨方法研究了新安江流域茶园红壤在五种不同坡度条件下的产流和氮素流失的特征；Chen 等（2012）研究了模拟降雨条件下各种类型茶园土壤的氮磷等营养元素迁移变化规律。

　　为茶园养分流失控制措施的制定提供科学依据，很多学者研究了不同控制措施对茶园氮磷等养分流失的影响。如王峰等(2018)通过水泥池小区试验,采用^{15}N 同位素示踪技术,研究了生物质炭配施氮肥对茶树生长及氮素利用率(茶树吸收、土壤氨挥发、N_2O和土壤残留量)的影响,并认为生物质炭配施氮肥可促进茶树对氮的吸收,增加土壤氮素持留,并降低氮素气态损失,从而提高氮素利用率,以减量化施氮配施生物质炭处理茶树能起到"减氮增产"效果,具有良好的应用前景;吴志丹等(2012)研究发现,在施用低量生物质炭条件下,能使幼龄茶园增产 5.62%~6.61%,且提高茶叶感官品质,同时缓解茶园土壤酸化;孔樟良等(2018)研究了秸秆覆盖对低龄茶园土壤性状和地表径流养分流失的影响,并认为低龄茶园行间覆盖农作物秸秆具明显的生态效应,可有效降低水土流失,改善茶园土壤理化性质,协调茶园土壤养分供应,可以作为南方山区茶园的水保措施;何石福等(2017)研究了有机肥替代和稻草覆盖对中南丘陵茶园氮磷径流损失的影响;汪强强等(2013)研究了白三叶的铺地、考拉和紫花苜蓿等豆科植物茶园间作对土壤氮素协调性的影响。目前,间作草类和秸秆覆盖作为农田土壤管理方法在国内外已经得到了普遍推广和应用,近年来,在很多易产生径流地区广泛进行了茶园、梨树及脐橙等的各种覆盖及草类间作技术措施的研究,取得了良好的生态效益及社会效益,为这些地区的农业可持续发展提供了良好的理论依据。

丹江口库区作为南水北调工程的源头,对其水质要求很高。总体而言,丹江口库区水体的水质状况属尚清洁类,但仍存在一定的污染风险,水质有恶化的趋势(刘增进等,2017)。近年来,为有效保护库区水质,丹江口库区点源污染控制效果显著,非点源污染治理,特别是农业非点源污染控制的重要性不断提升。丹江口水库库区周围为经济欠发达地区,当地主要经济类型为特色作物种植,包括柑橘、茶叶和中药材等,其中茶园是丹江口库区一种重要的土地利用方式,而且丹江口库区茶园多为坡耕地茶园,水土流失形势较为严峻,特别是当地农户为增加茶叶产量,大量氮肥被投入到茶园土壤中,土壤氮素随着降雨径流流失情况较为严重,给库区水质带来一定压力。因此,本章以丹江口库区坡耕地茶园为研究对象,研究秸秆覆盖和间作绿肥等措施对地表径流氮素流失特征的影响,以期为库区茶园土壤氮素流失以及农业氮素污染风险防控提供一定的理论依据。

8.2　研究方法

8.2.1　实验样点区域概况

实验样点位于河南省南阳市淅川县毛堂乡毛堂村,属北亚热带向暖温带过渡的季风性气候区,常年平均气温 15.8 ℃,降水集中、旱涝不均,初夏多干旱,中、后夏降水较多,雨量充沛,年降水量为 391.3~1 423.7 mm,多年平均降水量为 804.3 mm,无霜期 228 d。近年来,毛堂乡大力发展茶叶、食用菌、烟叶等特色产业,所选茶园为种植品种乌牛早的新茶园,土壤为典型的黄棕壤,土壤 pH 值为 6.24,有机质含量为 26.38 g/kg,全氮含量为 1.03 g/kg,全磷含量为 0.45 g/kg,速效磷含量为 13.92 g/kg,碱解氮含量为 43.51 g/kg。

8.2.2　实验设计

实验茶树品种为乌牛早,于 2013 年 10 月种植,南北向种植,穴距 30 cm,行间距为

150 cm,每穴种 2~3 株茶苗。本实验设计 3 个处理,研究不同处理措施对茶园土壤氮素流失的影响,分别为对照(不种植绿肥)处理、种植三叶草处理、秸秆覆盖处理,每个处理重复 3 次,随机区组排列。绿肥品种为白三叶草,由河南省农业科学院园艺所提供,于 2013 年 10 月 26 日播种,播种量为 4 500 g/hm²,供试秸秆为当地小麦秸秆,切成 20 cm 左右覆盖于地表,覆盖量为 15 000 kg/hm²。各试验小区施肥水平相同,尿素 180 kg/hm²,复合肥(15-15-15)350 kg/hm²,菜籽饼肥 450 kg/hm²,其中 1/3 尿素和全部复合肥、饼肥于 2013 年 11 月施入,剩下 2/3 尿素于次年 3 月初施入。实验小区面积 45 m²,坡度平均为 20°,小区四周围埂并用塑料薄膜防止水土串流,各处理管理水平完全一致。降雨径流观测于 2014 年雨季(5~10 月)进行。

8.2.3 地表径流样品采集

本章主要探讨秸秆覆盖与间作绿肥对库区坡地茶园土壤氮素通过地表径流流失的影响特征,因此本章野外径流样品收集以地表径流为主。坡地地表径流样品采集方法与第 7 章相同,此处不再赘述。

8.2.4 测定项目与分析方法

将收集到的地表径流样品带回实验室测定其 TN(总氮)、DN(可溶性氮)、AN(氨氮)和 NN(硝态氮)浓度。理化分析前将收集到的样品分成两部分,其中一部分样品采用 0.45 μm 的 Waterman 滤膜进行过滤,采用紫外分光光度法测定径流样品中溶解态总氮(DN),采用碱性过硫酸钾消解-紫外分光光度法测定样品中硝态氮(NN)含量,采用靛酚蓝-紫外分光光度法测定样品中铵态氮含量(AN)。原样样品采用碱性过硫酸钾氧化-紫外分光光度计法测定 TN 浓度,颗粒态氮(PN)由总氮减去溶解态总氮计算得出,即 PN = TN−DN。将每次降雨产生的径流中养分含量乘以每次的产流量可得各试验小区养分流失总量,具体测定方法和步骤参照《土壤农业化学分析方法》(鲁如坤,2000)。

8.3 结果与分析

8.3.1 种植绿肥和秸秆覆盖对茶园地表径流量的影响

图 8-1 显示了 2014 年实验地点的降水情况特征,结果显示,研究区域降水主要集中在 6~9 月,降水量最大的月在 9 月,全月降水量 203.5 mm,月降水日数 16 d,日降水量多在 30 mm 以上,最大日降水量为 34 mm;3~4 月尽管月降水日数较多,但单次降水量小,因此不容易产生径流。在雨季降水集中的月份,虽然不同月份之间的降水日数变化不大,但月降水总量差异明显。短时间的强降水极易产生地表径流且土壤侵蚀严重;当土壤水分饱和时,日降水量较小时也易产生径流。图 8-2 显示了不同处理径流量与降水量之间的相关关系,表明茶园小区地表径流量与降水量之间呈现显著的正相关关系($P<0.05$),即茶园地表径流产生量随着降水量增加而增加,相关系数 R^2 为 0.719。

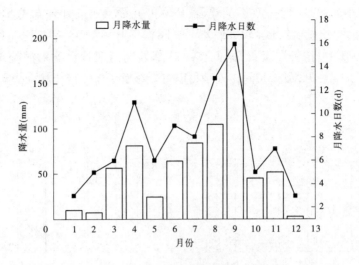

图 8-1　2014 年月降水量和月降水日数

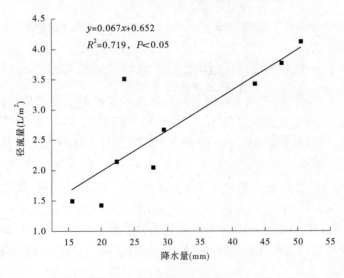

$$y=0.067x+0.652$$
$$R^2=0.719,\ P<0.05$$

图 8-2　径流量和降水量的关系

图 8-3 显示了不同处理方式条件下因降水产生的地表径流量特征,单因素方差分析结果显示,不同处理方式对地表径流产生量具有显著影响($P<0.05$),不同处理方式径流产生量呈以下顺序:秸秆覆盖处理(13.31 L/m^2)<间作三叶草处理(15.11 L/m^2)<对照处理(24.59 L/m^2)。秸秆覆盖处理、间作三叶草处理的径流量比对照处理分别减少了45.87%、38.55%。可见,秸秆覆盖处理与间作绿肥处理可以提高低龄茶园小区土壤的水分持有能力,明显减少了地表径流的产生量。

8.3.2　种植绿肥和秸秆覆盖对茶园泥沙产生量的影响

径流是导致泥沙和养分流失的主要动力,由于不同处理方式对茶园小区的地表径流产生量具有显著影响,进而影响地表径流的泥沙迁移量。图 8-4 显示了不同处理方式条件下茶园径流小区泥沙产生量的差异显著($P<0.05$),而且不同处理方式下小区泥沙产生量呈以下顺序:秸秆覆盖处理(52.83 g/m²)<间作三叶草处理(64.62 g/m²)<对照处理(96.37 g/m²),其中,秸秆覆盖处理、间作三叶草处理的泥沙量比对照处理分别减少了45.18%、32.94%。可见,覆盖与间作处理可以有效缓解茶园小区土壤流失。

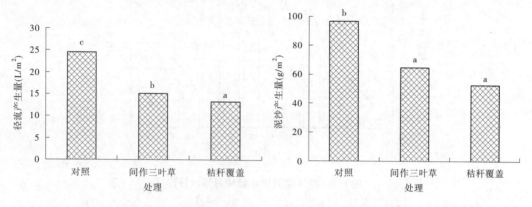

图 8-3　不同处理条件下径流产生量　　图 8-4　不同处理条件下泥沙产生量

8.3.3　种植绿肥和秸秆覆盖对茶园土壤氮素流失的影响

表 8-1 显示了不同处理方式条件下茶园小区地表径流氮浓度的差异特征。由表 8-1 可知,不同处理方式对径流氮浓度具有一定的影响。其中,不同处理条件下地表径流 TN 浓度呈以下顺序:对照处理(16.07 mg/L)>秸秆覆盖处理(11.19 mg/L)>间作三叶草处理(10.65 mg/L),AN 浓度呈现对照处理(3.23 mg/L)>间作三叶草处理(2.65 mg/L)>秸秆覆盖处理(2.42 mg/L)的趋势,而不同处理条件下地表径流 NN 浓度与 TN 浓度具有相似性,呈现对照处理(5.93 mg/L)>秸秆覆盖处理(4.58 mg/L)>间作三叶草处理(4.06 mg/L)顺序。

总体而言,秸秆覆盖处理、间作三叶草处理条件下铵态氮、硝态氮、可溶态氮及总氮平均浓度均显著低于对照处理,说明间作三叶草与秸秆覆盖对地表径流中的氮具有较好的拦截效果。

表 8-1　不同处理对径流氮浓度的影响

处理	铵态氮(mg/L)	硝态氮(mg/L)	可溶态氮(mg/L)	总氮(mg/L)
对照	3.23	5.93	10.31	16.07
间作三叶草	2.65	4.06	7.17	10.65
秸秆覆盖	2.42	4.58	7.89	11.19

不同处理方式下径流氮素流失量存在较大差异(见表 8-2)。通过单因素方差分析表明,间作三叶草处理、秸秆覆盖处理与对照处理之间地表径流氮素流失量差异显著($P<0.05$)。TN 流失量大小顺序为对照处理(395.16 mg/m²)>间作三叶草处理(160.92

mg/m^2)>秸秆覆盖处理(148.94 mg/m^2),间作三叶草处理和秸秆覆盖处理的总氮流失量
分别比对照处理减少了 59.28%、62.31%;NN 流失量大小顺序为对照处理(145.82
mg/m^2)>间作三叶草处理(61.35 mg/m^2)>秸秆覆盖处理(60.96 mg/m^2),间作三叶草处
理和秸秆覆盖处理的 NN 流失量分别比对照处理减少了 57.93%、58.20%;AN 流失量大小
顺序为对照处理(79.43 mg/m^2)>间作三叶草处理(40.04 mg/m^2)>秸秆覆盖处理(32.21
mg/m^2),间作三叶草处理和秸秆覆盖处理的 AN 流失量分别比对照处理减少了 49.60%、
59.45%。可见,间作三叶草和秸秆覆盖等处理措施可以显著降低土壤氮素的径流流失。
此外,从表 8-2 还可以看出,各处理中可溶性氮流失量>硝态氮流失量>颗粒态氮流失量>
铵态氮流失量,可见不同处理方式下坡耕地氮素流失形态主要以可溶性氮素为主,而可溶
性氮素又以硝态氮为主。

表 8-2 不同处理对径流氮素流失量的影响

处理	不同形态氮流失量(mg/m^2)					不同形态氮流失比例(%)			
	TN	NN	AN	DN	PN	NN/TN	AN/TN	DN/TN	PN/TN
对照	395.16a	145.82a	79.43a	253.52a	141.64a	36.90	20.10	64.16	35.84
间作三叶草	160.92b	61.35b	40.04b	108.34b	52.58b	38.12	24.88	67.33	32.67
秸秆覆盖	148.94c	60.96b	32.21c	105.52b	43.92c	40.93	21.63	80.85	29.49

8.3.4 种植绿肥和秸秆覆盖对茶园土壤环境的影响

8.3.4.1 种植绿肥和秸秆覆盖对土壤水分的影响

表 8-3 显示了间作三叶草处理和秸秆覆盖处理对茶园小区土壤含水量的影响。由
表 8-3可知,由于间作三叶草处理和秸秆覆盖处理能有效减少地表径流的产生量,因此在
一定程度上均能提高不同深度土壤含水量。其中,秸秆覆盖处理条件下,0~10 cm 土层土
壤含水量为 20.6%~26.2%,10~20 cm 土壤含水量为 21.83%~28.26%;间作三叶草处理
条件下,0~10 cm 土层土壤含水量为 19.2%~24.9%,10~20 cm 土壤含水量为 20.16%~
26.33%;而对照处理条件下,0~10 cm 土层土壤含水量为 18.3%~23.3%,10~20 cm 土壤
含水量为 19.17%~25.62%。结果显示,秸秆覆盖处理条件下 0~10 cm 土层土壤含水量
要比对照处理土壤含水量高 2.30%~2.90%,10~20 cm 土层土壤含水量要比对照处理土
壤含水量高 2.64%~2.66%;而间作三叶草处理条件下 0~10 cm 土层土壤含水量要比对照
土壤含水量高 0.90%~1.60%,10~20 cm 土层土壤含水量要比对照处理土壤含水量高
0.71%~0.99%。可见,秸秆覆盖处理和间作三叶草处理能明显增加土壤表层的水分含
量,这主要是由于地表覆盖物减弱了土壤表面与大气之间的交换程度,有效地抑制了土壤
水分蒸发,提高了表层土壤的含水量(孙立涛等,2011),而秸秆覆盖处理对土壤表层水分
含量的保持能力最强。

表 8-3　不同覆盖处理对土壤含水量的影响　　　　　　　　（%）

土层	处理	5月15日	7月21日	10月23日	12月18日
0~10 cm	对照	19.8±0.6	22.2±1.4	23.3±0.8	18.3±1.1
	间作三叶草	21.4±0.9	24.5±1.1	24.9±0.7	19.2±0.7
	秸秆覆盖	23.5±3.3	26.2±1.6	25.6±2.4	20.6±0.6
10~20 cm	对照	22.73±0.9	24.67±2.1	25.62±1.2	19.17±1.3
	间作三叶草	23.24±0.8	26.18±0.9	26.33±0.7	20.16±0.9
	秸秆覆盖	24.82±1.6	28.26±1.2	26.75±0.9	21.83±0.7

8.3.4.2　种植绿肥和秸秆覆盖对土壤温度的影响

表 8-4 显示了种植绿肥和秸秆覆盖对土壤温度的影响特征,结果显示秸秆覆盖与间作三叶草对表层土壤的温度具有重要影响,而且影响程度和方向随时间变化而变化,具体表现为:当日温度较高时,秸秆覆盖处理和间作三叶草处理可明显降低表层土壤温度,如5月15日和7月21日,间作三叶草处理 0~10 cm 土壤温度分别为(26.2±1.5)℃、(34.7±2.1)℃,秸秆覆盖处理 0~10 cm 土壤温度分别为(26.7±2.3)℃、(35.8±2.7)℃,而对照处理 0~10 cm 土壤温度分别为(28.9±2.6)℃、(38.2±2.4)℃。当日温度较低时,秸秆覆盖处理和间作三叶草处理却略高于对照处理,可见秸秆覆盖处理和间作三叶草处理对表层土壤具有一定的保温作用,如10月23日和12月18日,间作三叶草处理 0~10 cm 土壤温度分别为(20.6±0.8)℃、(11.2±0.5)℃,秸秆覆盖处理 0~10 cm 土壤温度分别为(21.6±1.8)℃、(10.6±0.9)℃,而对照处理 0~10 cm 土壤温度分别为(19.3±0.9)℃、(8.3±0.9)℃。10~20 cm 土层土壤温度与 0~10 cm 土层土壤温度变化趋势类似。总体而言,秸秆覆盖处理和间作三叶草处理对土壤表层温度具有重要影响,秸秆覆盖处理和间作三叶草处理降低了土壤温度的变化幅度,而且在气温较高时,秸秆覆盖处理和间作三叶草处理降低了土壤温度,在气温较低时,秸秆覆盖处理和间作三叶草处理土壤保持了较高的土壤温度,这与前人研究结果一致(彭晚霞等,2005)。

表 8-4　不同覆盖处理对土壤温度的影响　　　　　　　　（单位:℃）

土层	处理	5月15日	7月21日	10月23日	12月18日
0~10 cm	对照	28.9±2.6	38.2±2.4	19.3±0.9	8.3±0.9
	间作三叶草	26.2±1.5	34.7±2.1	20.6±0.8	11.2±0.5
	秸秆覆盖	26.7±2.3	35.8±2.7	21.6±1.8	10.6±0.9
10~20 cm	对照	26.9±0.6	34.6±1.5	18.6±1.2	8.1±1.3
	间作三叶草	24.9±1.3	32.6±1.3	20.1±0.9	10.5±0.9
	秸秆覆盖	25.8±1.2	33.2±1.7	19.7±0.7	9.8±0.6

8.4　讨　论

坡耕地茶园的土壤侵蚀主要是由降水产生的地表径流引起的,地表径流量的多少,与地表土壤的覆盖程度、土壤的持水能力及通透性有关。特别是低龄茶园,地表较多面积疏松裸露,降水与地表接触形成较大雨滴,击溅没有覆盖的裸露地表,从而导致表层土壤的侵蚀流失。茶园秸秆覆盖和间作三叶草后,土壤的覆盖度明显增加,不仅可以减弱雨滴溅落地面的动能,而且可以拦截降水,多余的水分会沿土壤空隙进入深层土壤,增强土壤蓄水能力,从而减少茶园地表径流产生量和水土流失量。众多研究发现,秸秆覆盖和间作草本植物在防治水土流失方面有较好的效果。如苟桃吉等(2017)研究了黑麦草在三峡库区坡地的水土保持功效,种植黑麦草第一年后泥沙流失量减少了 49.27%;孔樟良等(2015)研究表明低龄茶园覆盖秸秆后,与不采取措施的茶园相比,径流量和泥沙量分别降低了 21.7% 和 56.4%。本研究结果表明,茶园间作三叶草和秸秆覆盖后径流量分别比对照处理降低了 38.55%、45.87%,泥沙量分别比对照处理降低了 32.94%、45.18%,与秸秆覆盖处理相比,间作三叶草的地表覆盖度相对较低,裸露的地表面积相对较大,以致地表径流和泥沙的减少量相对较少。总体来说,在丹江口库区,坡地茶园秸秆覆盖是减少耕地土壤水土流失和促进农业废弃物综合利用较好的管理措施。

大量研究表明,覆盖与间作对径流中的养分表现出较高的去除率。史静等(2013)研究了水源区红壤坡地间作三叶草对氮磷养分流失的影响,发现玉米地间作三叶草总氮、总磷流失量分别减少了 59.96% 和 48.57%;徐泰平等(2006)对紫色土坡地秸秆覆盖方式下氮磷流失研究表明,秸秆覆盖可使氮磷流失量明显降低,且颗粒态氮和可溶性磷是农田养分流失的主要形式。本研究采用坡地径流小区田间原位监测方法,研究了茶园地表秸秆覆盖和间作三叶草对坡地茶园氮流失的控制效果,结果表明间作三叶草和秸秆覆盖的总氮流失量分别比对照处理减少了 59.28%、62.31%,氮素流失形态主要以可溶性氮素为主,而可溶性氮素又以硝态氮为主,其原因一方面为旱地土壤通气良好,硝态氮是土壤氮素存在的主要形态,且大多存在于土壤溶液中,遇到强降水很容易随径流流失(赵鹏宇等,2009;Zhu et al.,2009);另一方面铵态氮易被土壤吸附,移动性较小,不容易随降水径流水流失(王云等,2011;井光花等,2012)。刘毅等(2010)对丹江口坡地果园氮素流失研究结果表明,坡耕地土壤氮素流失载体是径流水体。本章研究结果也表明在丹江口库区,控制降水径流是关键,间作三叶草和秸秆覆盖均能不同程度地控制土壤侵蚀和降水径流,在一定程度上能有效控制库区低龄茶园土壤氮素的流失。

秸秆覆盖和间作绿肥是近年来国内外发展起来的一种高效生态农业种植模式。目前,在小麦、玉米、果园、茶园等作物上发现,秸秆覆盖处理和间作绿肥处理与对照处理相比,都会出现高温季节降温、低温季节增温的现象,且能缓和地温在昼夜和季节间的剧烈变化,这种措施被认为是高效增产的重要机制。彭晚霞等(2006)研究表明覆盖与间作可以改善土壤环境与林间小气候环境,避免温度激烈变化对树体根系产生伤害,本章在茶园研究中得出的结论与其研究结果一致。另外,本章还发现间作三叶草和秸秆覆盖均能提高不同层次土壤含水量。胡兵辉等(2015)研究也表明,由于地表覆盖物具有蓄水保墒作用,会使土壤含水量提高,使雨季有限的水资源能在深层土壤中得到保蓄。这主要是因为增加土壤覆盖度可以避免土壤与大气直接接触,避免太阳光的直接辐射,减缓了土壤水分的蒸发速度,从而提高了土壤蓄水量,并且在一定程度上增强了茶园抗旱减灾能力。因此,解决坡地茶园土壤的季节性干旱及氮磷养分流失的问题,应选择合理的栽培方式,而且秸秆覆盖和间作三叶草是一种切实有效和值得在丹江口库区大力推广的种植模式。

总体来看,本章主要探讨间作和秸秆覆盖对坡地低龄茶园土壤养分流失的防控效果及土壤温度、水分影响,结果表明秸秆覆盖和间作绿肥均可以有效提高坡地茶园土壤墒情,减少坡地水土流失和氮素流失。但是为了更好地评价秸秆覆盖与间作绿肥的生态效益和经济效益,在今后的研究中需要进一步向其他方面深入,比如,间作绿肥和秸秆覆盖对茶叶生长、病虫害、产量及品质产生何种影响,两种模式如何影响茶叶对土壤养分的吸收利用,绿肥品种及绿肥在茶园翻耕还田的生态效应等。

8.5　主要结论

本章通过野外天然降雨条件下的小区原位观测实验,研究了丹江口库区坡地低龄茶园在秸秆覆盖和间作绿肥方式下地表径流氮素流失特征。主要结论如下:

(1)秸秆覆盖和间作绿肥处理方式对地表径流和泥沙产生量具有显著影响($P<0.05$),且不同处理方式径流产生量和泥沙产生量分别呈以下顺序:秸秆覆盖处理($13.31\ \text{L/m}^2$)<间作三叶草处理($15.11\ \text{L/m}^2$)<对照处理($24.59\ \text{L/m}^2$)、秸秆覆盖处理($52.83\ \text{g/m}^2$)<间作三叶草处理($64.62\ \text{g/m}^2$)<对照处理($96.37\ \text{g/m}^2$)。秸秆覆盖处理、间作三叶草处理的径流量比对照处理分别减少了45.87%、38.55%,泥沙产生量比对照处理分别减少了45.18%、32.94%。可见,秸秆覆盖处理与间作绿肥处理可以明显提高低龄茶园小区水土保持能力。

(2)间作三叶草处理、秸秆覆盖处理对地表径流氮素流失具有显著影响($P<0.05$)。其中,TN流失量大小顺序为对照处理($395.16\ \text{mg/m}^2$)>间作三叶草处理($160.92\ \text{mg/m}^2$)>秸秆覆盖处理($148.94\ \text{mg/m}^2$),间作三叶草处理和秸秆覆盖处理的TN流失量分别比对照处理减少了59.28%、62.31%;NN流失量大小顺序为对照处理($145.82\ \text{mg/m}^2$)>间作三叶草处理($61.35\ \text{mg/m}^2$)>秸秆覆盖处理($60.96\ \text{mg/m}^2$),间作三叶草处理和秸秆覆盖处理的NN流失量分别比对照处理减少了57.93%、58.20%;AN流失量大小顺序为对照处理($79.43\ \text{mg/m}^2$)>间作三叶草处理($40.04\ \text{mg/m}^2$)>秸秆覆盖处理($32.21\ \text{mg/m}^2$),间作三叶草处理和秸秆覆盖处理的AN流失量分别比对照处理减少了49.60%、59.45%。可见,秸秆覆盖处理、间作三叶草处理条件下铵态氮、硝态氮、可溶态氮及总氮平均流失量均显著低于对照处理,说明间作三叶草与秸秆覆盖对地表径流中的氮具有较好的拦截效果。

(3)间作三叶草处理、秸秆覆盖处理对耕层土壤温度具有调节作用,表现为气温较高时,间作三叶草处理、秸秆覆盖处理降低了土壤温度,在气温较低时,间作三叶草处理、秸秆覆盖处理对土壤有保温作用。此外,间作三叶草处理、秸秆覆盖处理可有效提高土壤含水量。因此,间作三叶草处理、秸秆覆盖处理不仅可有效缓解地表水土流失,还可以有效提高土壤墒情。

(4)丹江口库区茶叶种植是库区流域效益农业的重要组成部分,主要分布于丘陵坡地,降水后容易产生地表径流,不合理的种植及施肥模式加剧了茶园地表径流氮素流失的风险,通过间作三叶草处理、秸秆覆盖处理可以改善茶园土壤理化性质,协调茶园土壤养分供应,可以作为库区坡耕地茶园,特别是低龄茶园的水土保持措施。

参考文献

[1] Chen Y H, Wang M K, Wang G, et al. Nitrogen runoff under simulated rainfall from a sewage-amended lateritic red soil in Fujian, China[J].Soil & Tillage Research, 2012,123:35-42.

[2] Hilton P J, Palmer Jones R, Ellis R T. Effects of season and nitrogen fertiliser upon the flavanol composition and tea making quality of fresh shoots of tea (Camellia sinensis L.) in Central Africa[J]. Journal of the Science of Food Agriculture, 2010, 24(7):819-826.

[3] Qin P, Qi Y C, Dong Y S, et al. Soil nitrous oxide emissions from a typical semiarid temperate steppe in inner Mongolia: effects of mineral nitrogen fertilizer levels and forms[J].Plant and Soil, 2011, 342: 345-357.

[4] Zhu B, Wang T, Kuang F H, et al. Measurements of nitrate leaching from hillslope cropland in the central Sichuan Basin, China[J].Soil Science Society of America Journal,2009,73(4):1419-1426.

[5] 高茂盛,文晓霞,黄灵丹,等. 耕作和秸秆覆盖对苹果园土壤水分及养分的影响[J].自然资源学报,2010,25(4):547-555.

[6] 苟桃吉,高明,王子芳,等. 三种牧草对三峡库区旱坡地氮磷养分流失的影响[J].草业学报, 2017, 26(4): 53-62.

[7] 何石福,荣湘民,李艳,等. 有机肥替代和稻草覆盖对中南丘陵茶园氮磷径流损失的影响[J].水土保持学报,2017,31(5):120-126,132.

[8] 胡兵辉,王维,张红芳,等. 干热河谷旱地覆盖间作两熟种植模式的水分效应[J].水土保持学报, 2015, 29(1): 274-278.

[9] 井光花,于兴修,刘前进,等. 沂蒙山区不同强降雨下土壤的氮素流失特征分析[J].农业工程学报, 2012,28(6):120-125.

[10] 孔樟良,章明奎,谢国雄. 秸秆覆盖对低龄茶园土壤性状和地表养分流失的影响[J].江西农业学报, 2015, 27(4):24-27.

[11] 赵鹏宇,徐学选,李波,等. 黄土丘陵区不同土地利用方式降雨产流试验研究[J].中国水土保持, 2009, 1:55-58.

[12] 刘红江,郑建初,陈留根,等. 秸秆还田对农田周年地表径流氮、磷、钾流失的影响[J]. 生态环境学报, 2012, 21(6):1031-1036.

[13] 刘毅,陶勇,万开元,等. 丹江口库区坡耕地柑桔园不同覆盖方式下地表径流氮磷流失特征[J]. 长江流域资源与环境, 2010, 19(11):1340-1344.

[14] 刘增进,祁秉宇,张关超,等. 南水北调中线工程水源地河南段水质现状及污染分析[J].华北水利水电大学学报(自然科学版), 2017, 38(2):77-81.

[15] 刘宗岸,杨京平,杨正超,等. 苕溪流域茶园不同种植模式下地表径流氮磷流失特征[J].水土保持学报, 2012, 26(2):29-32,44.

[16] 鲁如坤.土壤农业化学分析方法[M].北京:中国农业科技出版社,2000.

[17] 马立锋,苏孔武,黎金兰,等. 控释氮肥对茶叶产量、品质及氮素利用效率及经济效益的影响[J]. 茶叶科学,2015,35(4):354-362.

[18] 彭晚霞, 宋同清, 肖润林, 等. 覆盖与间作对亚热带丘陵茶园地温时空变化的影响[J]. 应用生态学报, 2006,17(5):778-782.

[19] 彭晚霞, 宋同清, 肖润林, 等. 覆盖与间作对亚热带丘陵茶园土壤水分供应的调控效果[J]. 水土保持学报, 2005,19(6):97-101.

[20] 阮建云, 吴洵, 石元值, 等. 中国典型茶区养分投入与施肥效应[J]. 土壤肥料, 2001,5:9-13.

[21] 史静, 卢谌, 张乃明. 混播草带控制水源区坡地土壤氮、磷流失效应[J]. 农业工程学报, 2013,29(40):151-156.

[22] 孙立涛, 王玉, 丁兆堂. 地表覆盖对茶园土壤水分、养分变化及茶树生长的影响[J]. 应用生态学报, 2011,22(9):2291-2296.

[23] 汪强强, 韩晓阳, 张丽霞. 几种豆科植物茶园间作的氮素协调性研究[J]. 山东农业科学, 2013,45(12):52-56.

[24] 王峰, 陈玉真, 吴志丹, 等. 酸性茶园土壤氨挥发及其影响因素研究[J]. 农业环境科学学报, 2016,35(4):808-816.

[25] 王峰, 吴志丹, 陈玉真, 等. 生物质炭配施氮肥对茶树生长及氮素利用率的影响[J]. 茶叶科学, 2018,38(4):331-341.

[26] 王云, 徐昌旭, 汪怀建, 等. 施肥与耕作对红壤坡地养分流失的影响[J]. 农业环境科学学报, 2011,30(3):500-507.

[27] 吴洵, 茹国敏. 茶树对氮肥的吸收和利用[J]. 茶叶科学, 1986,6(2):15-24.

[28] 吴志丹, 尤志明, 江福英, 等. 生物黑炭对酸化茶园土壤的改良效果[J]. 福建农业学报, 2012,27(2):167-172.

[29] 席运官, 陈瑞冰, 李国平, 等. 太湖流域坡地茶园径流流失规律[J]. 生态与农村环境学报, 2010,26(4):381-385.

[30] 徐泰平, 朱波, 汪涛, 等. 秸秆还田对紫色土坡耕地养分流失的影响[J]. 水土保持学报, 2006,30(1):30-36.

[31] 薛少平, 朱琳, 姚万生, 等. 麦草覆盖与地膜覆盖对旱地可持续利用的影响[J]. 农业工程学报, 2002,18(6):71-73.

[32] 杨皓宇, 赵小蓉, 曾祥忠, 等. 不同农作制对四川紫色丘陵区地表径流氮、磷流失的影响[J]. 生态环境学报, 2009,18(6):2344-2348.

[33] 赵越, 李泽利, 刘茂辉, 等. 模拟降雨条件下坡度对茶园红壤氮素流失影响[J]. 农业环境科学学报, 2014,33(5):992-998.

第9章　丹江口库区小流域氮素流失控制最佳管理措施框架体系

9.1　引　言

　　近年来,随着点源污染的逐步控制,非点源污染成了多数地区流域水体质量不断下降的重要影响因素(Rissman et al.,2015;中华人民共和国环境保护部,2017)。非点源污染的发生具有随机性,来源和传输过程具有间歇性和不确定性,使得非点源污染的输出受到自然地理、农业管理方式等因素差异的影响较为显著,空间变异性强,对其进行监测和治理相对比较困难(贺缠生等,1998;王晓燕等,2003)。推广实施"最佳管理措施"(best management practices,BMPs)是进行非点源污染控制的有效手段(孙平等,2017)。

　　BMPs最早是由20世纪70年代美国联邦水污染控制修正案提出的,定义为:任何能够减少或预防水资源污染的方法、措施或操作程序,包括工程措施、非工程措施的操作与维护程序。自BMPs提出以来,欧美国家进行了一系列实践,获得了很多成功经验,并制定了一系列适合区域污染实际特征的BMPs体系(王秀英等,2011;刘永波等,2012)。近年来,BMPs的概念也被引入国内,早期的工作集中于植被过滤带和人工湿地等BMPs的研究(刘燕等,2008;杨敦等,2002)。另外,"水十条"的发布,对城镇与农业非点源污染的治理提出了新要求,要求"推进初期雨水收集、处理和资源化利用""制订实施全国农业非点源污染综合防治方案"。近年来,"3S"技术和非点源污染模型的发展,为BMPs的应用打开了新思路,世界各国研究人员及政府部门在这方面做了大量的研究和实践。非点源污染过程具有相对于点源污染的特殊性,使其治理思路与点源污染差异较大。目前,BMPs是国际公认治理非点源污染的最有效措施之一。

　　丹江口水库作为全国最大的饮用水源保护区,对水质要求很高,同时确保一江清水向北流,也是南水北调中线工程成败的关键。但近年来,随着社会经济的发展,库区部分支流和局部库湾水体总氮明显超标(殷明等,2007;陈静等,2005),而非点源污染是导致库区水体总氮较高的主要原因(涂安国等,2010)。与点源污染相比,丹江口库区非点源污染具有以下特点:地域范围大,随机性强,成因复杂,形成过程受地理、气候、土壤等多种因素影响,监测、控制、处理和管理难度较大。加之丹江口库区农村经济发展水平相对较低,农业非点源污染防治至今还相对薄弱。BMPs的核心是在污染物进入水体并对水环境产生污染前,通过各种经济、高效、满足生态环境要求的措施使其得到有效控制,具有符合生态保护要求、投资少、工艺简单和能适应非点源污染的复杂特性等优点(仓恒瑾等,2005)。目前,国内已有较多学者关注和研究BMPs以控制各类水体的非点源污染,并在生物措施(尹澄清等,2002)、管理措施(万金保等,2010)和工程措施(唐浩等,2012)等方面取得了一定的成果。本章立足丹江口库区非点源污染实际,从源头控制、迁移途径阻截治理 2 个方面构建丹江口库区非点源污染防控最佳管理措施框架体系。

9.2　基于源头控制的 BMPs

9.2.1　保护性耕作措施

保护性耕作指通过地表微地形改造技术、地表覆盖及合理种植等综合配套措施,减少农田土壤侵蚀、保护农田生态环境的可持续农业技术(王晓燕等,2000)。国内有学者基于农业非点源污染控制,进行了典型小流域层面上的等高耕作(袁东海等,2002)、草田轮作(刘沛松等,2012)、坡改梯田(和继军等,2010)和少耕免耕(刘世平等,2005)等保护性耕作措施的源头控制措施效果研究。已有研究表明保护性耕作措施对于流域非点源污染和水土流失状况控制有着积极的作用(高焕文等,2003)。

丹江口库区人口众多,人均土地资源量十分有限,为此农民向林地要地,向坡地要地。坡耕地成了丹江口库区的主要农业生产用地,坡度一般为 15°~20°,部分坡地的坡度甚至超过 20°;长期人为破坏和影响,导致库区土层浅薄,土地退化严重,保水保肥能力差(胡玉法,2009)。随着丹江口水库成了南水北调工程的源头,库区坡耕地采取了一系列的保护性措施。如库区部分小流域采取的"坡改梯"等措施取得了较好的水土保持效果,但梯田建设等工程量大、造价高、人力物力投入强度大。现有研究表明,针对坡耕地采取"大横坡+小顺坡"的坡耕地有限顺坡耕作技术模式可有效降低治理成本,提高治理效果。

9.2.2　植物篱种植措施

植物篱主要通过控制水土流失、减缓坡面、改变氮磷等非点源污染物在坡面的分布状态并降低其含量等方式起到控制非点源污染的作用,在坡耕地资源可持续利用中具有显著的生态效益和经济效益(黎建强等,2011)。研究表明,等高固氮植物篱可减少坡耕地地表径流 26%~60%,减少土壤侵蚀 97% 以上;等高灌木带可减少径流 30% 以上,减少土壤侵蚀 50% 以上,增加植被覆盖度 15%~20%;紫穗槐植物篱可减少坡耕地地表径流 66.2%,减少土壤侵蚀 72.2%(孙辉等,2004)。李建华等(2012)通过建立野外原位观测小区研究沂蒙山区坡耕花生地垄间不同植草方式对土壤理化性质的影响,并运用灰色关联分析法对多个土壤理化性质指标进行综合判定,结果表明,垄间植草明显地改良了土壤理化性质,且黑麦草处理效果最优。

坡耕地上种植等高植物篱、修筑坎埂,可以截短坡长,在农业生产活动中对坡耕地进行定向翻耕,使坡面土壤向下坡传输、堆积,同时坡面土壤颗粒在降水溅蚀和坡面径流的冲刷作用下往下坡向输移,经由植物篱或坎埂对径流流速的降低和径流泥沙的拦蓄,使径流中挟带的泥沙沉积。丹江口库区应在已有成功示范经验的基础上(蒲玉琳等,2012),进一步推广植物篱种植模式,如可以加强茶叶和柑橘植物篱的种植和推广。

9.2.3　间作套种措施

间作套种不仅能够提高耕地的利用率(周新安等,2010),提高土地复种指数(Szumigalski et al.，2006），提高粮食产量（Ghosh et al.，2009），还可以有效降低农业投入成本（王潮生，2011）、提升土壤养分利用率（Li et al.，2013），在现代农业发展中起着重要的作用。此外，间套作系统在植物病虫害的生物防控（刘闯等，2008）、杂草抑制、作物品质改善（李治强，2009）以及减少对栽培环境的负面影响（Li et al.，2005）等方面都表现出单作系统无法比拟的优势（刘忠宽等，2009）。在我国人口不断增加、人均土地面积不断减少的双重压力下，大力发展间套复种多熟种植已显得尤为重要，且合理的间套作有利于充分利用自然资源和社会资源，从而达到最佳的生态效益、经济效益和社会效益（佟屏亚，1993，1994）。此外，间作套种可以提高土壤养分利用效率，提高地表覆盖度，减轻地表土壤侵蚀状况和土壤氮素流失。如李太魁等（2018）通过野外天然降水条件下的径流小区观测实验，研究了丹江口库区坡地果园套种三叶草、黑麦草、苕子绿肥作物对氮磷径流流失的影响。结果表明：果园套种绿肥作物三叶草、黑麦草、苕子，径流水量流失分别减少24.7%、31.6%和13.9%，泥沙流失分别减少37.79%、44.46%和39.90%，土壤保水能力和固土能力加强。为此，丹江口库区应在已有成功示范的基础上，进一步推广坡耕地的间作套种模式。

9.2.4　退耕还林措施

耕地，特别是坡耕地是水土流失和农业非点源污染物的重要来源，同时是当前坡耕地水土流失治理的薄弱环节，因此受到越来越多学者的关注（黄传伟等，2008）。现有研究结果显示，坡耕地是江河大量泥沙的最主要来源，如长江60%~78%的沙量来源于坡耕地（李文华，1999）。同时，坡耕地严重的水土流失使山区丘陵土层变薄、养分不断流失，最终导致土壤保水能力变差、生产力不断下降，进而严重阻碍山地丘陵区农业的可持续发展（肖波等，2013）。同时，由于人为过度施肥影响，耕地也成为流域氮素流失最为严重的区域，也是流域氮素治理和控制的关键源区，而人为过度施肥是流域氮素流失风险不断升高的最主要原因。

金慧芳等（2011）研究认为，我国三峡库区生态屏障区农业人口密集，土地资源长期被过度开发与利用，由于土壤侵蚀和农业非点源污染物直接入库，对三峡水库安全运行造成巨大威胁。为此，在全国生态功能区划中，三峡库区被列为全国水土保持极重要区域和重要水源涵养区。国家在三峡库区生态屏障区先后实施了退耕还林、后靠移民以及库区绿化工程等，以坡耕地为主体的小流域转变为耕地、茶园、果园和林地等多种土地利用类型的镶嵌格局（潘磊等，2012）。在陡坡耕地实施退耕还林后，小流域土地利用类型、植被覆盖状况、耕作管理及施肥管理均将发生不同程度的改变，将直接影响流域土壤物理性质和土壤养分循环，进而对区域氮素流失控制起到了十分重要的作用（王晓荣等，2014）。如王甜等（2018）对三峡库区内典型退耕还林模式（茶园、板栗林、柑橘园）、原有农耕地（对照）径流小区的土壤侵蚀及养分流失情况进行了监测和分析，评估了退耕还林工程实施后对小流域土壤侵蚀及氮磷养分流失的影响。结果表明，退耕还林后土壤侵蚀量和总氮流失量明显减少，与耕地相比，板栗林、柑橘园和茶园的地表径流流失将大幅减少，减少幅度分别达41.95%、22.78%、6.11%，土壤侵蚀减少幅度分别达87.91%、75.26%、58.94%，总氮流失量减少幅度达52.42%、44.08%、31.26%；与耕地相比，退耕还林措施将使得土壤速效氮流失量明显减少,硝态氮流失量呈现农耕地(332.09 g/hm²)>茶园(243.42 g/hm²)>板栗林(124.76 g/hm²)>柑橘园(123.18 g/hm²),铵态氮流失量呈现农耕地(184.22 g/hm²)>茶园(132.18 g/hm²)>柑橘园(117.62 g/hm²)>板栗林(91.42 g/hm²)的趋势,且流域硝态氮流失量占总氮流失量的比例将远高于铵态氮;吴东(2015)选择三峡库区典型退耕还林模式,包括茶园、板栗林与原有坡耕地对照,观测并分析其土壤氮、磷养分输出途径及数量特征,进而评价实施退耕还林措施对流域土壤养分流失的影响,认为退耕还林后流域土壤氮素年流失量不断减少;总氮(TN)年流失量呈现坡耕地(2 444.27 g/hm²)>茶园地(998.70 g/hm²)>板栗林地(532.61 g/hm²)的趋势。可见,退耕还林措施将对流域氮素流失风险的控制起到十分积极的作用。为此,丹江口库区应积极开展退耕还林工作,特别是加强坡耕地的还林还草,从源头上控制氮素流失风险。

9.3　基于迁移过程阻截的 BMPs

9.3.1　生物缓冲带措施

生物缓冲带又称保护缓冲带,是指利用永久性植被拦截污染物或有害物质的条带状、受保护的土地,指建立在河湖、溪流沿岸的各类植被带,包括林地、草地等(见图9-1)。根据缓冲带的植被类型、分布位置与主要作用,将其分为缓冲湿地、缓冲林带及缓冲草地等多种类型。缓冲带在截留粗沙颗粒和颗粒吸附物、促进水流下渗、截留土壤以及去除可溶性污染物方面具有显著功效(Jon et al.,2005)。缓冲带防治非点源污染是通过一定宽度的水-土壤-植物系统的渗透、过滤、滞留、沉积、吸收等物理、化学和生物功能效应,控制和减少非点源污染物,达到降解环境污染物、净化水质、保护河湖水体的目的。生物缓冲带净化污染物主要机制包括降低地表径流速度并对其中的颗粒态污染物起过滤和拦截作用,植物吸收、土壤吸附溶解态的污染物,促进氮的反硝化作用等。

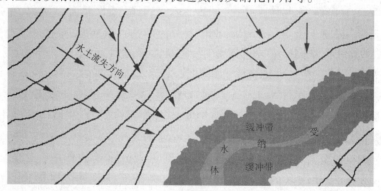

图 9-1　生物缓冲带示意图

目前,国内外学者对生物缓冲带的非点源污染物迁移阻截作用开展了很多研究。如Jaana 等(2000)研究发现,经过生物缓冲带后,农业地表径流中的磷素可以减少 27% ~ 97%,且缓冲带对磷素的减控效应随其带宽的增加而显著增加;Geert 等(1998)通过在农业用地与水体之间设置缓冲带,并通过长期观测研究发现,缓冲带能有效减少在施药过程中杀虫剂向沟渠的迁移输入,并能有效减轻其对水生生物的负面影响;张刚等(2007)在苏南太湖地区研究表明,缓冲带拦截氮、磷径流损失效果明显,拦截量占田面水中 TN 的31.7%~50.9%,而且缓冲带对渗漏水中氮、磷的水平迁移也具有明显的拦截效果。同时,缓冲带对不同种类的农药也均具有较好的拦截去除效果,可有效防止水体中有害物质的累积;唐浩(2010)在上海市青浦区华新镇东风港地区的模拟实验研究表明,百慕大草皮缓冲带对 TN 和 TP 均具有较好的去除效果。因此,丹江口库区可以加强流域排水沟渠、河流以及库区滨湖带的生物缓冲带建设和管理,增强其氮素迁移过程的阻截,减少流域氮素入库量。

9.3.2　工程缓冲带措施(前置库技术)

前置库技术是利用水库的蓄水功能,将流域径流污水截留在水库中,经物理沉淀、生物降解吸收作用净化后,再排入受纳水体。其功能主要包括蓄浑放清、净化水质。首先,通过减缓入库水流速度,使径流中的泥沙不断沉淀。同时,颗粒态的污染物以及营养物质也随泥沙的沉淀而沉淀。其次,利用前置库内的生态系统,吸收去除水体和底泥中的污染物和营养物质(徐祖信等,2005)。目前,前置库技术已经在天津于桥水库(赵俊杰,2005)、云南滇池(张仁锋,2009)、深圳茜坑水库(赵双双,2011)等区域的非点源污染控制中得以应用并取得较好的效果。前置库技术可因地制宜地进行水环境污染控制和治理,对于控制非点源污染,减少水体外源污染物输入负荷,特别是去除入湖、入库地表径流中的污染物效果十分明显。因此,应根据丹江口库区消落区特殊的平坝地形条件,采取工程措施与生物措施相结合的综合治理方案,选择合适位置设置前置水库。同时,在前置库周边建设沿岸生态防护林、湿地及多塘系统等生态工程,进而形成氮素入库前迁移过程的综合控制。

9.4　库区氮流失 BMPs 框架体系构建

9.4.1　构建思路

针对丹江口库区生态环境较为脆弱的特点,采取源头控制和迁移过程阻截相结合的库区氮流失风险防控思路,以降水资源化利用、保持水土、精准施肥、消减农业非点源氮素迁移、农业废弃物综合利用、农作物稳产高产以及农民增产增收等为目标,开展沿丹江口库区耕地氮肥施肥措施、耕地氮素迁移生物措施及工程拦截措施、居民点生活污水消减与资源化利用措施、家庭分散型畜禽养殖污染物消减与资源化利用措施研究,并将诸多适宜区域氮素流失风险防控体系集成,构建库区居民点、耕地、林地、消落带为一体的多重氮素消减、氮素拦截的综合防控措施体系。

具体思路是:基于库区以山地丘陵加沟谷的地形地貌为主,旱地主要集中分布在流域沟谷和丘陵中上部区域,农村居民点主要分散分布于沟谷较为平坦的区域,大量生活污水肆意排放,生活垃圾难以得到集中有效处理,并存在较为严重的分散型畜禽养殖废弃物污染的特征,从源头减少氮素输出和迁移过程阻截的角度,构建流域生物措施和工程消减与拦截措施体系。基于丹江口水库每年汛期(5~9月)保持低水位160 m,枯水期蓄水至最高水位170 m,形成了落差达10 m,总面积达285.7 km²的消落带(李伟萍等,2011),充分利用消落带春夏季出露成陆,植被恢复,生长旺盛,对水土流失、养分循环和非点源污染强烈的缓冲作用和过滤作用,削减进入水体的氮素。

9.4.2　库区氮流失 BMPs 框架体系

流域内可能会有多种不同的 BMPs 及其空间组合方式以满足非点源污染的控制管理要求,与单一措施相比,多种类型的 BMPs 组合可更加有效地改善流域水质,显著减少非点源污染物质输出负荷(耿润哲等,2019)。因此,未来应该结合丹江口库区自然生态环境的特征以及流域氮素流失特点,致力于探寻不同 BMPs 的优化组合,以提高其对氮素流失控制的作用。本章基于前人研究成果,构建了丹江口库区小流域水土保持与氮素非点源污染减控技术体系(见图9-2)。

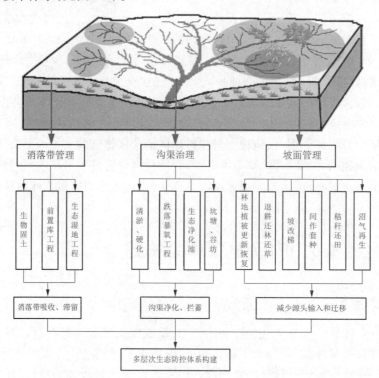

图 9-2　丹江口库区小流域氮素流失控制 BMPs 框架体系

丹江口库区小流域的水土流失和氮素径流迁移直接影响库区水质安全,而库区小流域的地形地貌较为复杂,土地利用格局破碎化明显,需要针对丹江口库区脆弱的生态环境特征和流域氮素流失特点,采取源头控制、过程阻截相结合的综合防控思路,以降水资源化利用、保持水土、消减农业非点源污染物为目标,通过构建多层次的库区氮素流失BMPs 控制体系,以"水、土、肥"三要素为主线,形成坡面管理—生态沟渠管理—消落带管理的综合水土流失与非点源污染控制措施体系,实现源头控制、迁移过程截流和吸纳,进而减少流域入库泥沙和氮素迁移负荷,使进入库区水体的氮素污染物降低至最低水平。

9.4.2.1　坡面管理

丹江口库区小流域坡面位置主要土地利用类型以耕地(坡耕地)、林地和分散居民点为主。不同土地利用方式氮素流失过程和控制措施差异较大。因此,需要根据流域具体土地利用方式采取针对性措施。

1.坡耕地的氮素流失控制技术

丹江口库区人口众多,土地资源十分有限,而作为库区一种主要的土地资源,丹江口库区坡耕地比例很高,但由于过度垦殖、复种指数高与耕作管理粗放等不恰当的农业耕作措施所引起的坡耕地土壤养分流失带来了严重的土壤资源退化和农业非点源污染等问题,也使之成为库区水土流失和养分流失的主要发生地,因此有必要对其水土流失进行控制和管理,而采取合理的利用方式、适当的水土保持措施和农业耕作技术措施是控制坡耕地水土流失的重要途径。目前,少耕免耕、秸秆覆盖、地膜覆盖、间作套作、等高梯地、植物篱笆等措施被认为是坡耕地水土流失控制的最主要措施(谢庭生等,2005;谭春荐,2015;周苏,2018;王心,2015)。如 Blevins(1990)经过长期观测实验后表明,与传统翻耕相比,免耕减少了 94.15% 的土壤侵蚀量;李登航等(2009)研究表明,与传统耕作相比,免耕和秸秆覆盖处理可以增大土壤容重,增大表层土壤的饱和导水率,提高土壤稳定性,使表层水分易于入渗,从而能够明显减少水土流失;侯红波等(2019)研究表明,秸秆覆盖与地膜覆盖不仅能在一定程度上提高氮磷化肥肥效和肥料利用率,而且能减少农业非点源污染。因此,建议从旱坡地降水的就地拦蓄,实现降水资源化的生态工程技术研究着手,构建包括保护性耕作、条带生物植物篱、坡耕地整理等在内的旱坡地氮素流失风险控制的生态工程截拦体系,并以土壤库、生物库和工程库的建设为基础,进行坡耕地水肥复合高效利用技术研究和应用。

2.居民点分散污染物控制技术

丹江口库区农村居民点相对较为分散,缺少较为完善的环境治理基础设施,农村生活污水和家庭畜禽养殖污水肆意排放,导致农村居民点的径流污染成了流域重要污染物来源。通过调查发现,丹江口库区老城镇小流域环境卫生较差,如牲畜家禽到处拉粪便、柴草乱堆乱放、流域环境脏乱差严重。为改变这种现状,笔者建议加强农村环境污染物的资源化利用,特别是加强农村畜禽养殖和家庭生活污水的资源化利用。如丁恩俊(2010)认为要改善农村环境污染问题,应该加强农村农户沼气池建设,建设以沼气为纽带的"生态家园"富民工程,大力发展"畜禽—沼气—粮果""猪—沼—菜"等沼气生产循环模式,既为生产生活提供清洁能源,解决农村燃料短缺的问题,又可以为耕地提供有机肥,增加农作物产量,提高资源的养殖循环利用价值,最终实现"种—养"的良性循环。由于丹江口库区小流域农户十分分散,而且畜禽饲养数量差异较大,因此建议以农户为单元,建立小型沼气池,实现家庭生活污水和畜禽养殖废水入池,实现沼气、沼液、沼渣的综合利用,最终有效减少农村分散居民点的污染物排放。

3.林地水土流失控制技术

丹江口库区很多区域由于人为过度开发,林地植被破坏十分严重,虽然不断加强人工林的种植,但是由于林地土层十分浅薄,水土流失十分严重,林地植被覆盖率很低,部分区域石漠化现象十分严重。调查研究发现,丹江口库区老城镇小流域林地是流域水土流失的主要区域,虽然林地相对于耕地氮素流失风险相对较小,但是强烈的水土流失状况将严重影响林地的土壤质量和生产力,也不利于林地植被的更新和演替。因此,本研究认为应加强库区林地植被的建设和管理。丹江口库区林地多以柏木针叶人工林为主,土层十分浅薄,土壤养分含量低,未来应该加强林地落叶阔叶林地种植和更新,促进植被残体回归土壤,提升林地土壤质量。

为了提高库区林地水土保持能力,应以预防保护为主,实行草灌或草灌乔混种,采用条状、穴状种植草灌带,配合人工施肥、补植、封禁等强化措施推进裸露地表的林草快速覆盖,促进林地的生态自我修复和良性循环。此外,修筑谷坊、挡土墙、截排水沟、沉砂池等工程措施进行治理,快速促进其地表植被恢复;对治理后初见成效,水土流失程度明显下降至以中轻度流失为主的林地,采取以封禁、补植为主的生态自我修复模式。通过修筑林间作业道、等高植物埂,配套截排水沟、蓄水池、沉砂池等工程措施,以及林下套种耐阴植物、裸露地表覆盖等生态措施,控制库区林地内径流造成的水土流失,减小流失范围和降低地表侵蚀程度,最终实现林地土壤质量的恢复和提升,最终提升其水土保持能力。

9.4.2.2 生态沟渠建设

生态沟渠是通过特殊的护坡、水生植物种植等方式,对传统沟渠进行修复改造,是非点源污染源头控制最佳管理措施之一。生态沟渠独特的"植物-底泥-微生物"系统可通过植物吸收、底泥吸附、微生物降解等方式在一定程度上降低地表径流所挟带的氮素等污染物浓度(Liu et al.,2016)。生态沟渠特殊的护坡措施可以减少沟渠坡岸发生水土流失,而且生态沟渠中的水生植物不仅可以直接吸收上覆水以及底泥间隙水中的 AN、NN 等养分,还由于自身的吸收在植物根区形成浓度梯度,打破了养分物质在水-泥界面的平衡,促进养分在水土界面的交换作用,进而加速污染物进入底泥的速度,增强其截留能力(Li et al., 2007)。如徐红灯等(2010)通过动态模拟实验表明,有植物的生态沟渠氮磷的截留效率均在 30% 以上,而自然沟渠的截留效率为 20%~30%;吴青宇(2018)对生态沟渠的氮磷养分滞留控制效果进行研究发现,在 3 场降水事件过程中,生态沟渠对氮磷养分具有较好的去除效果,对 COD、氨氮、总氮和总磷的去除率分别达到 73.0%±3.0%、78.5%±2.0%、75.0%±1.8% 和 74.8%±0.6%。

本研究调查发现,丹江口库区小流域沟渠均为自然沟渠,坡岸水土流失较为严重,而且沟渠水体水质较差。因此,本书研究认为应该根据库区小流域地形和自然沟渠特点,将现有自然沟渠坡岸进行硬化处理,并在沟渠中种植水生美人蕉、黑三棱、灯芯草、铜钱草和绿狐尾藻等水生植物,将自然沟渠改造成为生态沟渠,同时根据沟渠特点将沟渠较宽的位置合理设置改造为坑塘,构建具有拦截、吸收转化污染物和滞留污染物的生态沟渠+生态坑塘复合系统(见图9-3),提高沟渠中悬浮物、总氮、氨氮、硝态氮、COD 等指标的沿程去除效果,减少入库养分总量。

9.4.2.3 消落带管理

消落带是指由于人为控制或自然降水在时间尺度上的不均匀发生的,江河、湖泊、水库等水体水位季节性涨落使土地被周期性淹没和出露成陆形成的干湿交替的水陆衔接带状地带(Wantzen et al.,2008;吕明权等,2015),亦称消落区、河岸带、涨落带、消涨带等。水库消落带是指人为水文调控导致库区水位周期性的反季节涨落,从而在水库两岸形成

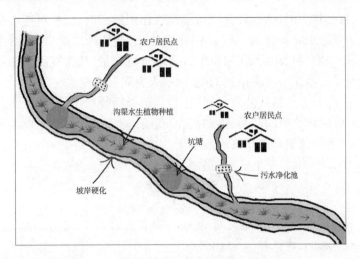

图 9-3　生态沟渠+生态坑塘复合系统示意图

的受自然、人为作用干扰强烈的特殊带状区域(Zhang et al.，2012;谭秋霞等，2013)。消落带植被是典型的生态过渡带植被,具有明显的边缘效应和过渡效应(刘娜,2016),其生命周期和生态功能不同于陆生植物和水生植物。一方面,落干期,消落带植被通过对泥沙、污染物质的拦截过滤和氮、磷等营养元素的同化吸收等过程,削减进入水体的污染物质和营养元素,保护水体(Kenwick et al.，2009);另一方面,淹水期,消落带植被有机残体进入水体后腐烂分解释放氮、磷等养分元素,以"营养源"的形式进入水体(杜立刚等,2014)。因此,水库消落带是库区径流养分的"汇",同时是水库水体氮磷的"源"。

现有研究表明,消落带植被可降低水库水体富营养化风险,作为拦截氮、磷养分营养物及泥沙和农药进入水体的最后一道生态屏障,应该充分利用其对污染物进入水体的拦截、吸收和过滤作用。因此,可充分对库区消落带进行科学规划、分区调控,加以合理利用,选择合适的陆生植物、水生植物或陆-水生植物在消落带进行种植,加强消落带对非点源污染物进行削减控制,从而达到保护和治理库区水环境的目的。由于丹江口库区消落带夏季为落干期,植物生长旺盛,但是需要充分利用夏季水热丰富的优势,筛选对氮素养分吸收强烈的植物,研究配套的种植与管理技术,构建库岸生物拦截带,建立消落带氮素生物消纳技术体系。

现有研究表明,水库落干期,消落带植被能通过对泥沙、营养物质的拦截、过滤、同化吸收等过程,削减进入水体的污染物质和营养元素,保护水体。但是在淹水期,消落带植被有机残体进入水体后腐烂分解释放出营养元素,又以"营养源"的形式进入水体,成为水体富营养化的重要来源。如 20 世纪 90 年代我国学者 Chang 等(1997)就认为消落带草本植物腐烂后的养分释放可能会造成水库建成初期营养元素升高。近年来,三峡水库建成后,学者围绕三峡库区消落带植被养分释放特征开展了一定的研究(谭秋霞等,2013;刘娜,2016;肖丽微等,2017),结果发现三峡库区消落带植物淹水后养分释放量惊人,TN 达 125.2 kg/(hm^2·a),TP 达 21.0 kg/(hm^2·a),甚至远远超过了三峡库区农业污染、集镇污染水平(王建超等,2012)。可见,三峡库区消落带植物淹水释放的养分元素是库区水体营养物质的重要来源,对库区水体富营养化的贡献不容忽视。为此,要充分利用消落带植被对泥沙、营养物质的拦截、过滤和同化吸收作用的同时,要尽可能削减植物因为淹水养分释放成为库区水体养分的"源"。因此,在淹水期到来之前,加强对库区消落带植被的管理,如采取刈割、回收的方式减少库区消落带植被量,从而减少消落带植被因为淹水养分的释放通量。鉴于消落带植被刈割、回收人力和财力成本较高,可以在消落带植被种植选种过程中,充分考虑植被的回收利用问题,选择回收利用可行性较强的,特别是对当地农户具有较强回收价值的品种,如刈割、回收用作牲畜饲料、燃料等,充分利用当地农户的力量,实现消落带植被管理代价的最小化。

参考文献

[1] Blevins R L. Tillage effects on sediment and soluble nutrient losses from a Maury silt loam soil[J]. Journal of Environmental Quality,1990,19(4):683-686.

[2] Chang S P, Wen C G. Changes in water quality in the newly impounded subtropical Feitsui Reservoir, Taiwan[J]. Journal of the American Water Resources Association,1997,33(2): 343-357.

[3] Geert R S, Paul J W. Buffer zones for reducing pesticide drift to ditches and risks to aquatic organisms[J]. Ecotoxicology and Environmental Safety,1998,41:112-118.

[4] Ghosh P K, Tripathi A K, Bandyopadhyay K K, et al. Assessment of nutrient competition and nutrient requirement in soybean/sorghum intercropping system[J].European Journal of Agronomy, 2009,31:43-50.

[5] Jaana U K, Bent B, Jansson H, et al. Buffer zones and constructed wetlands as filters for agricultural phosphorus[J].Environmental Quality,2000,29:151-158.

[6] Jon E S, Karl W J W, James J Z. Nutrient in agricultural surface runoff by riparian buffer zone in southern Illinois,USA[J]. Agroforestry Systems, 2005,64:169-180.

[7] Kenwick R A, Shamminb M R, Sullivanc W C. Preferences for riparian buffers[J].Landscape Urban Plan,2009,91:88-96.

[8] Li E H, Li W, Wang X L, et al. Experiment of emergent macrophytes growing in contaminated sludge: Implication for sediment purification and lake restoration[J].Ecological Engineering,2010,36(4):427-434.

[9] Li L, Sun J H, Zhang S, et al. Root distribution and interactions between intercropped species[J].Oecoligia,2005,147:280-290.

[10] Li L, Zhang L Z, Zhang F S. Crop mixtures and the mechanisms of over yielding.In:Levin SA ed. Encyclopedia of Biodiversity (2nd Edn)[M].Netherlands:Elsevier Academic Press, 2013.

[11] Liu L, Wang W, Liu J. Ecological technology for decreasing agricultural non-point source pollution from drainage ditch[C].International Conference on Information Engineering for Mechanics and Materials. Huhhot, Peoples R China, 2016,514-519.

[12] Rissman A R, Carpenter S R. Progress on nonpoint pollution:barriers and opportunities[J]. Daedalus, 2015,144(3):35-47.

[13] Szumigalski A R, Van Acker R C. Nitrogen yield and land use efficiency in annual sole crops and intercrops[J]. Agronomy Journal, 2006,98:1030-1040.

[14] Wantzen K M, Rothhaupt K O, Cantonati M, et al. Ecological effects of water-level fluctuations in lakes: an urgent issue[J].Hydrobiologia,2008,613(1):1-4.

[15] Zhang B, Fang F, Guo J S, et al. Phosphorus fractions and phosphate sorption-release characteristics rel-

evant to the soil composition of water-level-fluctuating zone of Three Gorges Reservoir[J]. Ecological Engineering, 2012, 40: 153-159.

[16] 仓恒瑾, 许炼峰, 李志安, 等. 农业非点源污染控制中的最佳管理措施及其发展趋势[J]. 生态科学, 2005, 24(2): 173-177.

[17] 陈静, 丁卫东, 焦飞, 等. 丹江口水库总氮含量较高的调查分析[J]. 中国环境监测, 2005, 21(3): 54-57.

[18] 丁恩俊. 三峡库区农业面源污染控制的土地利用优化途径研究[D]. 重庆: 西南大学, 2010.

[19] 杜立刚, 方芳, 郭劲松, 等. 三峡库区消落带草本植物碳氮磷释放及影响因素[J]. 环境科学研究, 2014, 27(9): 1024-1031.

[20] 耿润哲, 梁璇静, 殷培红, 等. 面源污染最佳管理措施多目标协同优化配置研究进展[J/OL]. 生态学报, 2019, 8: 1-8.

[21] 贺缠生, 傅伯杰, 陈利顶. 非点源污染的管理及控制[J]. 环境科学, 1998, 19(5): 87-91, 96.

[22] 侯红波, 刘伟, 李恩尧, 等. 不同覆盖方式对红壤坡耕地氮磷流失的影响[J]. 湖南生态科学学报, 2019, 6(1): 16-20.

[23] 黄传伟, 牛德奎, 黄顶, 等. 草篱对坡耕地水土流失的影响[J]. 水土保持学报, 2008, 22(6): 40-43.

[24] 金慧芳, 韦杰, 贺秀斌. 三峡库区面向水土保持的土地利用模式[J]. 中国水土保持, 2011, 10: 36-38.

[25] 黎建强, 张洪江, 程金花, 等. 长江上游不同植物篱系统的土壤物理性质[J]. 应用生态学报, 2011, 22(2): 418-424.

[26] 李登航, 王丽, 黄高宝, 等. 保护性耕作对黄土高原坡耕地水土流失的影响[J]. 安徽农业科学, 2009, 37(13): 6087-6088.

[27] 李建华, 于兴修, 刘前进, 等. 沂蒙山区坡耕花生地垄间植草对土壤理化性质的影响[J]. 水土保持学报, 2012, 26(5): 108-117.

[28] 李太魁, 张香凝, 寇长林, 等. 丹江口库区坡耕地柑橘园套种绿肥对氮磷径流流失的影响[J]. 水土保持研究, 2018, 25(2): 94-98.

[29] 李伟萍, 曾源, 张磊, 等. 丹江口水库消落区土地覆被空间格局分析[J]. 国土资源遥感, 2011, 4: 108-114.

[30] 李文华. 长江洪水与生态建设[J]. 自然资源学报, 1999, 14(1): 1-8.

[31] 李治强. 紫花苜蓿与垂穗披碱草混播防治褐斑病试验[J]. 草业科学, 2009, 26(10): 177-180.

[32] 刘闯, 胡庭兴, 李强, 等. 巨桉林草间作模式中牧草光合生理生态适应性研究[J]. 草业学报, 2008, 17(1): 58-65.

[33] 刘娜. 三峡库区消落带典型植物淹水后降解动态与养分释放特征研究[D]. 重庆: 西南大学, 2016.

[34] 刘燕, 尹澄清, 车伍. 植草沟在城市面源污染控制系统的应用[J]. 环境工程学报, 2008, 2(3): 334-339.

[35] 刘永波, 吴辉, 刘军志. 加拿大最佳管理措施流域评价项目评述[J]. 生态与农村环境学报, 2012, 28(4): 337-342.

[36] 刘忠宽, 曹卫东, 秦文利, 等. 玉米—紫花苜蓿间作模式与效应研究[J]. 草业学报, 2009, 18(6): 158-163.

[37] 吕明权, 吴胜军, 陈春娣, 等. 三峡消落带生态系统研究文献计量分析[J]. 生态学报, 2015, 35(11): 3504-3518.

[38] 潘磊, 唐万鹏, 肖文发, 等. 三峡库区不同退耕还林模式林地水文效应[J]. 水土保持通报, 2012, 32(5): 103-106, 112.

[39] 蒲玉琳. 植物篱—农作模式控制坡耕地氮磷流失效应及综合生态效益评价[D].重庆:西南大学,2013.

[40] 孙辉,唐亚,谢嘉穗. 植物篱种植模式及其在中国的研究和应用[J].水土保持学报,2004,18(2):114-117.

[41] 孙平,周源伟,华新,等. 三峡库区面源污染防控 BMPs 框架体系研究[J].水生态学杂志,2017,38(1):54-60.

[42] 谭春荐. 保护性耕作对坡耕地土壤养分维持及水蚀防控效应研究[D].咸阳:西北农林科技大学,2015.

[43] 谭秋霞,朱波,花可可. 三峡库区消落带典型草本植物淹水浸泡后可溶性有机碳的释放特征[J].环境科学,2013,34(8):3043-3048.

[44] 唐浩,熊丽君,鄢忠纯,等. 缓冲带截除农业面源强污染的效果[J].农业工程学报,2012,28(2):186-190.

[45] 唐浩. 百慕大草皮缓冲带对径流污染物的去除效果[J].人民黄河,2010,32(9):54-55,57.

[46] 佟屏亚. 试论耕作栽培学科的发展趋势和研究重点[J].耕作与栽培,1993,64(4):1-7.

[47] 佟屏亚. 中国耕作栽培技术成就和发展趋势[J].耕作与栽培,1994,65(4):1-5.

[48] 涂安国,尹炜,陈德强,等. 丹江口库区典型小流域地表径流氮素动态变化[J].长江流域资源与环境,2010,19(8):926-932.

[49] 万金保,刘峰,汤爱萍,等. 小流域典型面源污染最佳管理措施(BMPs)研究[J].水土保持学报,2010,24(6):181-184.

[50] 王潮生. 农业文明寻迹[M].北京:中国农业出版社,2011.

[51] 王建超,朱波,汪涛,等. 三峡库区典型消落带草本植物氮磷养分浸泡释放实验[J].环境科学,2012,33(4):1144-1151.

[52] 王甜,黄志霖,曾立雄,等. 三峡库区退耕还林土壤侵蚀及养分流失控制—以兰陵溪小流域为例[J].水土保持研究,2018,25(5):83-88.

[53] 王晓荣,万伏红,崔鸿侠,等. 三峡库区不同退耕还林模式水土保持效益定位监测[J].湖北林业科技,2014,43(4):1-4.

[54] 王晓燕,王一峋,王晓峰,等. 密云水库小流域土地利用方式与氮磷流失规律[J].环境科学研究,2003,16(1):30-33.

[55] 王心星. 不同作物间套作对作物养分吸收、养分径流损失、产量和经济效益的影响[D].长沙:湖南农业大学,2015.

[56] 王秀英,王晓燕. 苏格兰农业非点源污染管理措施评述及启示[J].生态与农村环境学报,2011,27(3):10-14.

[57] 吴东,黄志霖,肖文发,等. 三峡库区典型退耕还林模式土壤养分流失控制[J].环境科学,2015,36(10):3825-3831.

[58] 吴青宇. 生态沟渠与生物滞留组合技术及其应用研究[D].南京:东南大学,2018.

[59] 肖波,喻定芳,赵梅,等. 保护性耕作与等高草篱防治坡耕地水土及氮磷流失研究[J].中国生态农业学报,2013,21(3):315-323.

[60] 肖丽微,朱波. 水环境条件对三峡库区消落带狗牙根氮磷养分淹水浸泡释放的影响[J].环境科学,2017,38(11):4580-4588.

[61] 谢庭生,罗蕾. 紫色土丘陵侵蚀沟建植物篱自然植被恢复及水土流失特征研究[J].水土保持研究,2005,5:66-69.

[62] 徐红灯,席北斗,王京刚,等.水生植物对农田排水沟渠中氮、磷的截留效应[J].环境科学研究,

2007,20(2):84-88.

[63] 徐祖信,叶建锋. 前置库技术在水库水源地面源污染控制中的应用[J].长江流域资源与环境,
2005,6:120-123.

[64] 杨敦,徐丽花,周琪. 潜流式人工湿地在暴雨径流污染控制中的应用[J].农业环境科学学报,
2002,21(4):334-336.

[65] 殷明,施敏芳,刘成付. 丹江口水库水质总氮超标成因初步分析及控制对策[J].环境科学与技术,
2007,30(7):35-36.

[66] 尹澄清,毛战坡. 用生态工程技术控制农村非点源水污染[J].应用生态学报,2002,13(2):229-
232.

[67] 张刚,王德建,陈效民. 太湖地区稻田缓冲带在减少养分流失中的作用[J].土壤学报,2007,44
(5):873-877.

[68] 张仁锋. 河口前置库系统净化入滇池河水示范工程研究[D].昆明:昆明理工大学,2009.

[69] 赵俊杰. 面源污染控制的前置库生态系统的构建技术研究[D].南京:河海大学,2005.

[70] 赵双双. 前置库及半透水坝的结构设计研究[D].广州:华南理工大学,2011.

[71] 中华人民共和国环境保护部. 2016 中国环境状况公报[R].北京:中华人民共和国环境保护部,
2017.

[72] 周苏. 免耕与秸秆还田对土壤生态环境和水稻生长的影响[D].扬州:扬州大学,2018.

[73] 周新安,年海,杨文钰,等. 南方间套作大豆生产发展的现状与对策[J].大豆科技,2010,3:1-2.

[74] 袁东海,王兆骞,陈欣,等.不同农作方式红壤坡耕地土壤氮素流失特征[J].应用生态学报,2002,
7:863-866.

[75] 刘沛松,李军,贾志宽,等. 不同草田轮作模式对土壤养分动态的影响[J].水土保持通报,2012,32
(3):81-85,122.

[76] 和继军,曹温庆,蔡强国. 北京市不同治理区水土流失的环境效应分析[J].水土保持研究,2010,17
(5):35-39.

[77] 刘世平,张洪程,戴其根,等.免耕套种与秸秆还田对农田生态环境及小麦生长的影响[J].应用生
态学报,2005,2:393-396.

[78] 高焕文,李问盈,李洪文. 中国特色保护性耕作技术[J].农业工程学报,2003,3:1-4.

[79] 胡玉法. 长江流域坡耕地治理探讨[J].人民长江,2009,40(8):72-75.